塔式起重机应用技术

孙在鲁 著

中国建材工业出版社

图书在版编目(CIP)数据

塔式起重机应用技术/孙在鲁著. -北京:中国建材工业出版社,2003.5(2007.6 重印)

ISBN 978-7-80159-427-3

Ⅰ.塔… Ⅱ.孙… Ⅲ.塔式起重机 Ⅳ.TH213

中国版本图书馆 CIP 数据核字(2003)第 033660 号

塔式起重机应用技术

孙在鲁 著

出版发行:中国建材工业出版社

地　　址:北京市西城区车公庄大街 6 号

邮　　编:100044

经　　销:全国各地新华书店

印　　刷:北京鑫正大印刷有限公司

开　　本:787mm × 1092mm　1/16

印　　张:10.5

字　　数:251 千字

版　　次:2003 年 6 月第 1 版

印　　次:2007 年 6 月第 3 次

定　　价:20.00 元

本社网址:www.jccbs.com.cn

本书如出现印装质量问题,由我社发行部负责调换。联系电话:(010)68345931

序　言

改革开放以来，我国国民经济获得高速的发展。经济建设规模的加大，总是以工程建设开始，所以我国工程建设行业出现了一片欣欣向荣的景象。无论是城市建筑，还是大的工程建设项目，塔式起重机的应用已越来越广泛，它已成为工程施工中一种主要水平运输和垂直运输机械设备。目前，我国塔式起重机的生产厂家已有300多家，而且还在增加。使用塔式起重机的施工单位也越来越多，塔式起重机在工程建设中已发挥了重要的作用。与此同时，塔式起重机操作使用、管理维护、生产制造、安装维修和配套服务的企业和人员，也日益增多。但是，塔式起重机是一种安全要求很高的特种机械设备，操作使用不当、设计考虑不周、制作质量不好以至工作环境条件变化都可能造成重大事故或事故隐患，给企业和社会造成重大损失和沉重负担。这是值得引起工程建设行业和塔机生产制造行业高度重视的大事。要想减少塔式起重机事故，加强对相关人员的知识培训，使他们更深地了解各种塔式起重机的工作原理、主要构造、操作要领和安全保障设施，这是最有效的办法。

《塔式起重机应用技术》一书，以理论与实践相结合的方式，系统地介绍了塔式起重机的发展概况、型号分类、主要构造、安装拆卸、使用维护和安全管理等知识，内容比较全面，有一定的分析深度，也反映了现代塔机技术进步的一些情况，是一本适合时宜的有参考应用价值的技术论著。本书的作者是在起重机行业有影响力的工作20多年的老一辈科技人员，晚年又集中精力，把自己的知识和经验体会系统地总结出来，从实用观点出发，在一定深度上加以理论分析，为社会奉献出宝贵的知识财富，这种精神值得提倡。我们应当支持老一辈科技人员的奉献精神。但愿我们塔机行业的企业和工作人员、工程建设单位的塔式起重机操作和设备管理人员，能从本书中获取一些收益，这对提高施工效率、搞好安全生产、减少事故损失和延长塔机使用寿命，都会带来好处。缺乏实践经验的学生和年轻的科技人员，建议读一读这本书，也会有所收益。

湖南省政协副主席
长沙建设机械研究院副院长
龙国键
二〇〇三年四月

前　言

近十几年来,随着国民经济的发展,工程建筑行业出现了一片欣欣向荣的景象。塔式起重机在建筑工程中的应用也迅速增长,塔机年产量已连续几年接近一万台,我国的建筑施工技术,逐步向现代化方向迈进,这是非常喜人的大好形势。但是,塔式起重机是一种安全要求很高的机械设备,设计制造考虑不周到,用户操作使用不当,都会造成重大事故。每年我国因倒塔引起的伤亡人数达 100 人以上,这是值得高度重视的大事。近 20 年来由于工作关系,我曾参加过多起塔式起重机事故的调查、分析和处理工作,深感提高我们现场操作、管理、安装和安检人员的应用知识水平很有必要。广大用户也越来越迫切地想了解塔式起重机的构造、操作和维护保养知识,因为这对提高施工效率、搞好安全生产、延长塔机使用寿命和减少事故损失,都有重要的意义。减少事故,应当以培训、教育、引导为主,禁止、处罚为辅。然而至今为止,我国还是缺少系统地介绍塔式起重机应用技术方面的书籍。单靠使用说明书过于简单,说不清所以然,而且使用说明书常常保存在设备档案柜中,操作人员看不到,起不到培训教材的作用;另一方面,塔式起重机技术进步很快,现有的一些参考书,已难于满足塔式起重机技术进步和实际应用的要求。本人很久以前就有写一本介绍塔机应用技术知识书籍的愿望,想凭自己在这样一个行业工作多年的体会作一介绍,以弥补这方面的不足,如今终于才得以实现。

本书不打算谈过多的基础理论知识,也不介绍很多塔机品种型号和基本配套件,太简单的常用知识也不多说,而着重于讲应用技术,以理论结合实践的原则,讲清楚应当怎样做和为什么要这样做的道理。但愿此书能对我们生产企业的人员培训、施工企业的设备采购、使用维护和人员培训、安全管理部门的检查监督能起到有益的作用。本书对建筑行业有关院校的学生也有一定的参考价值。由于知识水平有限,书中所述内容,如有不当之处,欢迎批评、讨论和指正。

本书在编写中引用了一些教材、文献、技术资料中的相关知识和段落,已在后边列出参考文献目录,在此一并表示感谢。

作者　长沙建设机械研究院研究员:

孙在鲁

二〇〇三年四月

目　录

第一章　塔式起重机的发展状况及发展趋势

第一节　我国塔式起重机的发展现状

我国从一九五四年试制出第一台 TQ2-6 型塔式起重机以来，已有将近 50 年的历史。但是，正像中国经济发展的历史进程一样，前 30 年处于一种缓慢的起步阶段，真正得到快速发展是近 20 年的事。改革开放，中国经济的发展，大量建设工程的兴建，给塔式起重机提供了很好的需求市场。与此相适应，在 80 年代初期，我国塔式起重机有了行业组织，有了科研计划，组织了标准编制，使产品设计开发有章可循，这也是塔式起重机近 20 年来迅速发展的重要条件之一。到现在为止，我国塔式起重机的生产厂已接近 400 家，年产大大小小的各种塔机已将近 1 万台，年产值已超过 30 个亿，从业人员已达 10 多万人，生产各种规格(以主参数起重力矩划分)已有 18 种之多，最大的达 900tm，最小的为 10tm。这还不包括水利水电工程和其他特种塔机。现在，我国的建筑用塔式起重机使用已越来越普遍，从普通的多层民用建筑、房地产工程、高层建筑到大型的铁路工程、桥梁工程、电力工程、水利工程等，到处都有塔机的应用。而这些工程应用中，我国自己生产的塔机已唱了主角，基本能满足国内建筑工程的需要。而且部分产品已远销国外。近 20 年来，市场的需求，有力地促进了技术的进步，通过研究开发、技术创新、引进消化，我们的设计手段和配套件生产能力也有了很大的进步，计算机辅助设计、微电子技术、程控语言控制技术都在塔机上得到了应用。当然，也不可否认，我国的塔机产品的技术性能、制作质量和品种型号规格，与发达国家产品相比，仍然存在较大的差距，特别是基础零部件的可靠性、电气元件、液压元件、工艺安装、生产设备和检测手段等，差距更大。这就影响了我们整机产品的质量和可靠性，增加了事故隐患。对此我们绝不可以掉以轻心，要加倍努力、敢于创新、严格把关、赶超国际水平。否则，在加入 WTO 以后，随着市场的全球化，我们又有重新失去市场的危险。

第二节　塔式起重机的分类及型号编制规则

塔式起重机的品种很多，每个品种又按主参数的不同划分出很多规格，为了很快识别出塔机的类别和主参数，就必须了解塔式起重机的分类和型号编制规则。

一、塔式起重机的分类

塔机按照不同的特征分类的方法很多，而且有的要相互交叉，一时很难概述清楚。笔者以为对塔机分类首先要抓住主要特征，在抓住主特征分出大类后再抓次要特征去细分，就容易搞清楚了。

1. 按回转支承位置分类，塔式起重机可以分为上回转塔机和下回转塔机

上回转塔机回转支承靠近顶部，下回转塔机回转支承靠近底部。这两种塔机在性能和应用范围、受力特性、安装方法等方面差别都很大，所以是最重要的一个特性分类。

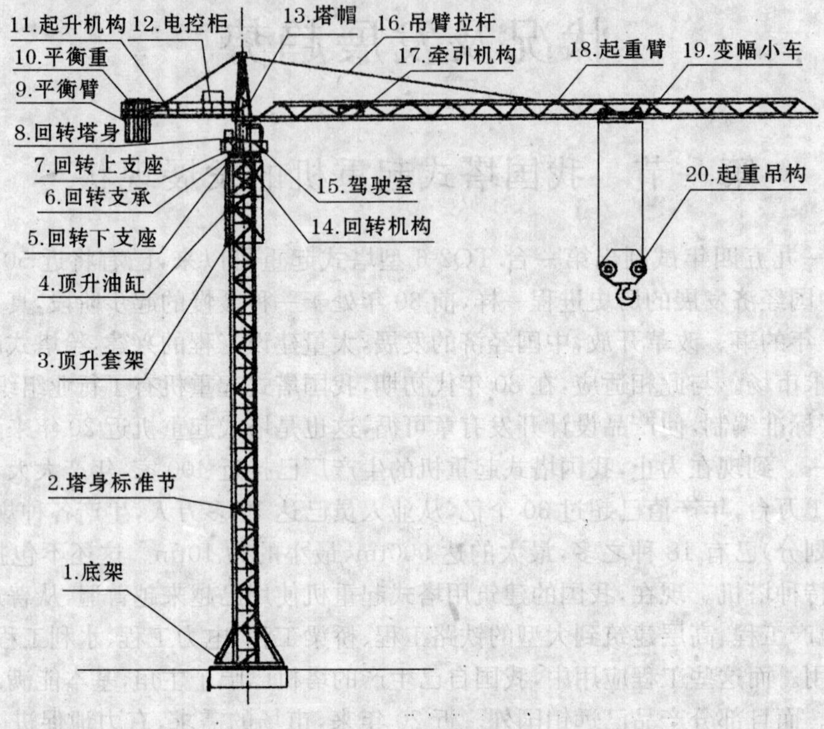

图 1-1 上回转塔机构造示意图

(1)上回转塔机的起重臂、平衡臂、塔帽、起升机构、回转机构、变幅机构、电控系统、驾驶室、平衡重都在回转支承以上，其主要构造示意如图 1-1。它的自身不平衡力矩和起重力矩，就作用在塔身顶部，所以塔身以受弯为主，受压力为辅。正是依靠塔身，把力矩和压力从上面一直传到底部。上回转塔机的突出优点是可以随时加节升高，可以打附着升得很高。所以中高层建筑都得要靠上回转塔机。这是我国目前用得最多的塔机。但是，由于它的塔身要承受很大的弯矩，故容易晃动，自升加节和超力矩倒塔的危险性比较大，这是使用和管理上要引起高度注意的。

(2)下回转塔机的回转支承就在底架之上，工作时塔身也回转。其构造示意图如图 1-2。

下回转塔机的顶部只有起重臂、撑杆和拉杆，如认为必要也可挂一个附驾驶室。而它的平衡臂、平衡重、起升机构、回转机构、电控系统、主驾驶室都在下面，所以它的维护管理、维修都比较方便，重心低。更重要的是它的顶部没有不平衡力矩，不平衡力矩和起重力矩通过平衡拉杆受拉和塔身受压一直传到底部，塔身很少受弯，所以晃动小，起吊平稳，而且可以节约材料，减轻重量，降低成本。下回转塔机的这种受力特性使它不容易出现倒塔，这比起上回转自升式塔机来安全得多。但下回转塔机的最大缺点是不能自升和打附着，故它的工作高度要低于上回转自升式塔机。不过对 14 层以下的中低层建筑，用下回转塔机比用上回转自升式塔机合算得多，也安全得多。在欧洲，下回转塔机的台数很多，并不像我国目前这样几乎到处是上回转塔机唱独角戏，其原因我们后面再述及。

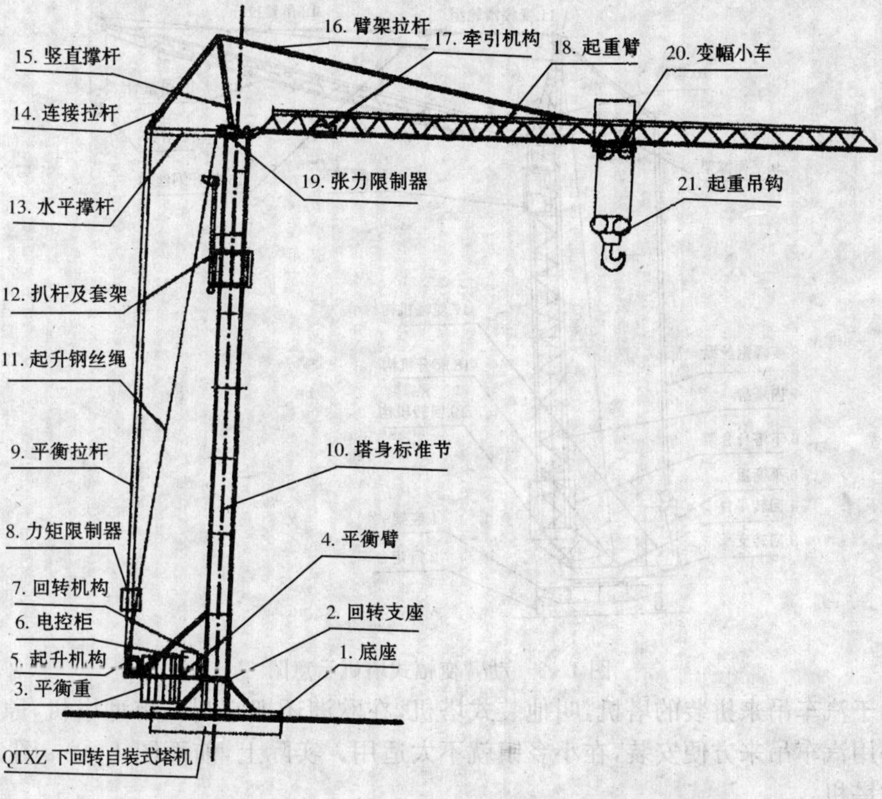

图 1-2　下回转塔机构造示意图

2. 按臂架结构方式分类，分为小车变幅式塔机和动臂变幅式塔机

小车变幅塔机，就是平常我们到处可见到的水平臂架，其上有一个小车，臂架通常为三角形截面，下面两跟主弦作为小车的导轨。臂架内有一牵引机构，为小车移动提供动力。这种塔机的臂架可以作得很长，国产塔机最长的已达 70m，所以小车变幅塔机已占压倒优势，上回转塔机和下回转塔机都用。有了小车变幅，大塔可以不行走就可以满足大工作面的要求。

动臂变幅塔机，其臂架是一根桁架式的受压柱，一般为矩形截面。下端铰接到回转塔身顶部，上端用拉索连接塔帽或撑杆。图 1-3 为动臂变幅式塔机。它的变幅靠改变臂架仰角实现。

当动臂变幅时，臂架和重物都要上下移动，所以动臂变幅的变幅机构功率较大，而且要求制动相当可靠，变幅钢丝绳要绝对保险，否则臂架有掉下的危险。工作幅度不能太大和难于保障变幅钢丝绳断裂时的安全，是动臂变幅塔机推广应用的最大障碍，在我国，动臂变幅已用得很少，但在东南亚、香港还用得不少，原因是他们那里，据说邻居不许你侵犯“领空”，否则你得给钱才行。故用动臂式塔机仰起臂架，可以作到不侵犯邻居的“领空”。

3. 按安装方式分有拼装式塔机、快装式塔机、自升式塔机和内爬式塔机

(1)拼装式塔机，主要特点是塔身由许多标准节拼装起来，达到独立式工作高度。但不再用顶升加节。上回转塔机和下回转塔机都可以采用拼装式，其中依靠自己的起升机构为动力安装的叫自装式塔机。自装塔机比较经济实惠，因为它不必租用外来吊车安装，也节省了顶升机构。但它只能以独立式工作高度来工作，不能升得很高，所以只适用于中低层建

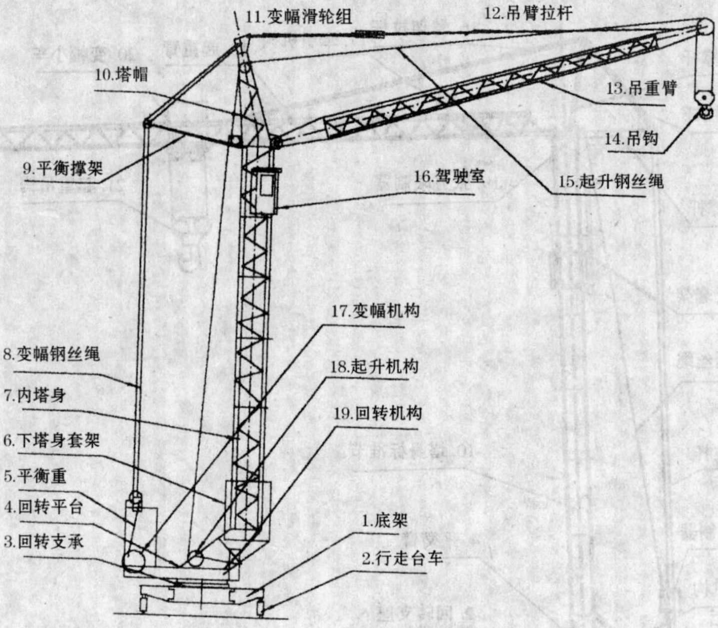

图 1-3　动臂变幅式塔机示意图

筑。借助于汽车吊来拼装的塔机，叫他装式塔机，在欧洲还把它叫城市型塔机，原因是只有城市才好用汽车吊来方便安装，在小乡镇就不太适用。实际上，前面图 1-1～图 1-3 都属于拼装式塔机。

(2)快装式塔机是塔机本身带有专用拖行和架设装置，可以把臂架和塔身折叠起来，实现整体拖运；到工地后，又可很快把它立起来，所以更准确地说应该叫作整体拖运快速安装塔机，见图 1-4。

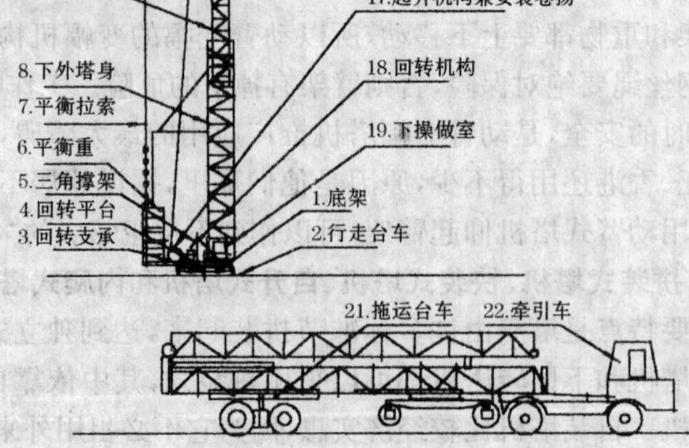

图 1-4　整体拖运快速安装塔机

这种塔机最大的优点是转移工地方便，灵活机动，几个小时就可实现转移工地。但整体拖运塔机会受到拖运长度限制，若其体积过长过高过宽，马路上不准走，进场地也有困难，所以工作参数受限制很大，起吊高度和工作幅度都不会很大。而且即使可拖走，基础不固定，往往就得用行走式，就要加轨道。快装式塔机都是下回转塔式，因为只有下回转塔机才好折叠，上回转式不好折叠倒放。为了实现快速安装，必然要有一套专用的折叠和拖运装置，这就要增加成本，卖得较贵是快装式塔机的又一个缺点。在我国目前推广快装式塔机不太普遍，但在欧洲发达国家，用得非常普遍，这主要是他们的经济基础好，而且高层建筑相对不多，适于用快装式塔机。

(3)自升式塔机的塔身也是由标准升节拼装起来的，实际上也是拼装式塔机的一种。但是它还配有顶升加节系统，装好以后它可以随时顶升加节升高，这一特点更为突出。自升式塔机最大的优点是可以打附着，可以升得很高，因而特别适应于中高层建筑和桥梁建筑，是我国现有塔机中唱主角的塔机。图 1-5 为附着式塔机示意图。

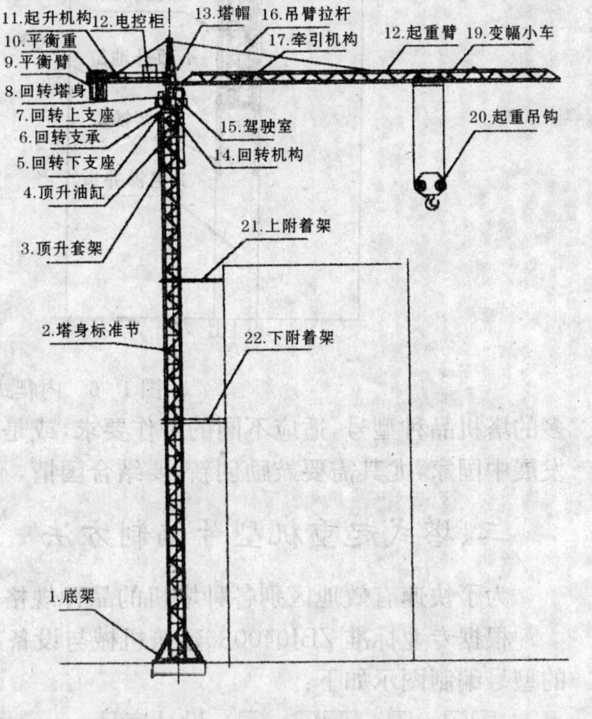

图 1-5　附着式塔机示意图

自升式塔机都是上回转式，因为它要打附着，不容许塔身回转。快速安装的下回转塔机也有用下加节升高的，但最高不能超过独立式高度，那只能算是安装过程的不同，所以不能叫自升式塔机。像图 1-3 所示就是下回转下加节式的塔机。

(4)内爬式塔机的塔身同样也由标准节拼装而成，然而在其底部有一套专用的井道爬升装置，它就可以沿井道爬得很高，送料高度可以很高，但不必加很多标准节。而且它处于建筑物内部，故工作覆盖面很有效。图 1-6 为内爬式塔机示意图。内爬式塔机的缺点在于爬升和拆塔操作都比较困难，因而不像自升式塔机用得那么多。

4. 按底架是否移动分为固定式塔机和行走式塔机

固定式塔机的底架固定在一个混凝土基础上，这个基础埋于地下，只要地基可靠，一般倾翻稳定性好，比较安全；而行走式塔机底架通过钢轮在钢轨上行走，其工作覆盖面可以大大增加，但只能以独立式工作高度工作。为了防止倾翻，底架上必需加很大的压重，底梁必须大大加强，否则很容易变形倾斜。行走台车和驱动机构都大大增加成本，而且电缆要有专用装置收放，所以如果能有长臂架覆盖工作面的塔机可选，最好不要使用行走式塔机。这样有利于节约成本，而且对保障安全有好处。

随着技术的进步，新的塔机品种会不断的出现，上面的分类不是绝对的，会彼此交叉，比如下回转也可以搞拼装式和固定式，图 1-2 所示塔机就是这样的塔机。而且这种塔机会兼顾上回转和下回转塔机的某些优点，克服各自的某些缺点，这些创新将会给市场提供越来越

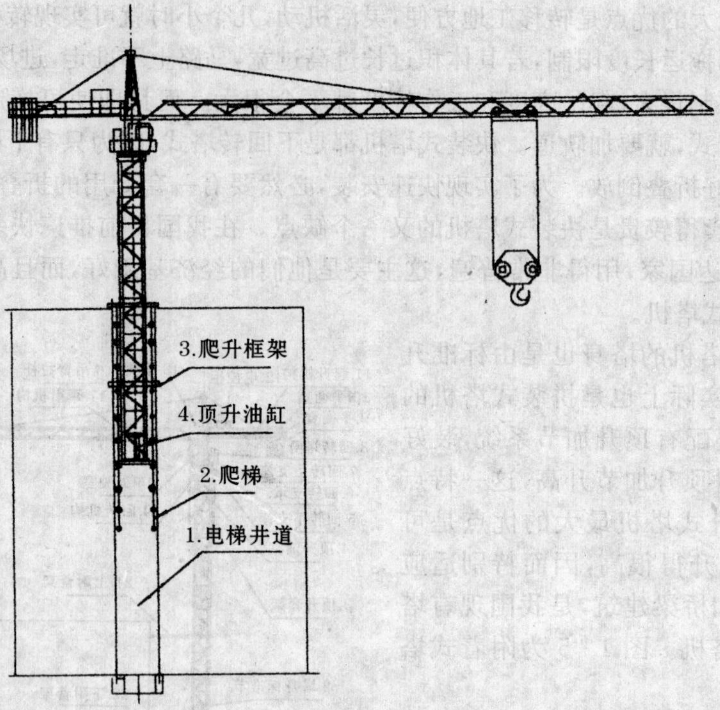

图 1-6　内爬式塔机示意图

多的塔机品种型号，适应不同的工作要求，或是降低成本，或是提高安全保障，像中国这样的发展中国家，尤其需要鼓励创新，要结合国情，不断开发适合各种用户需求的塔机。

二、塔式起重机型号编制方法

为了快速有效地区别各种塔机的品种规格，我们应当了解我国塔机的型号编制方法。

根据专业标准 ZBJ04008《建筑机械与设备产品型号编制方法》的规定，我国塔式起重机的型号编制图示如下：

□□　□　□□　□—设计序号

—主参数代号(起重力矩 kN·m)

—型式、特征代号(汉语拼音第一个字母)

—产品类组代号(汉语拼音第一个字母)

塔式起重机是起(Q)重机大类的塔(T)式起重机组，故前两个字母为 QT；特征代号看你强调什么特征，如块装式用 K，自升式用 Z，固定式用 G，下回转用 X 等等。例如：

QTK400—代表起重力矩 400kN·m 的块装式塔机。

QTZ800B—代表起重力矩 800kN·m 的自升式塔机，第二次改型设计。

但是，以上型号编制方法只表明起重力矩，并不能清楚表示一台塔机到底工作最大幅度是多大，在最大幅度处能吊多重。而这个数据往往更能明确表达一台塔机的工作能力，用户更为关心。所以现在又有一种新的型号标识方法，它的编制如下：

```
TC    5013   A—设计序号
 │      └—最大幅度 50m,该处可吊 13kN 重量
 └—英语塔(Tower)式起重机(crane)第一个字母
```

这个型号标记方法不成正式标准,但很受欢迎,传播应用较广泛,我们应该掌握。

第三节　塔式起重机的发展趋势及技术进步方向

我国大规模经济建设已有十几年的历史,这十多年,大量建筑物的涌现和大型工程的兴建,铁路、公路桥梁的建设,给塔式起重机提供了良好的市场。塔式起重机,作为建设机械中的一个重要机种,这些年里,无论在品种、规格、型号、性能和产量上,都得到很大发展和提高。那么下一步该向什么方向发展呢?根据国际产品的发展动向以及我国的实际工程需要和经济状况,可以认为,我国的塔式起重机行业,应当向以下几个方面努力:

一、品种、型号、规格方面

塔机产品的品种、型号、规格应向多样化发展,以适应不同工程、不同用户的需求。国外塔机品种型号规格繁多,以市场需求为目标,不受参数型式的限制。一种产品,投产后只要好用好销,就能得到承认,其优劣在市场竞争中自然形成。除了某些安全保护和影响公共环境保护的监督检查以外,一般不需要那么多限制。正因为如此,国外一家大公司的产品型号甚至比我们一个国家的型号还多,而且还在不断改进,不断变化,精益求精,更新换代不断搞下去。而在我们国内,常常用强制手段限制了一些产品的发展,比如参数限制太多太死,不利于技术进步。这些做法实际上是过去计划经济的管理概念,总想用少数的基础件去满足全国的需求,用行政手段去干涉经济规律,其结果只能是阻碍创新,保护落后。中国加入WTO以后,商品竞争全球化,关税堡垒将被取消,行政命令是代替不了市场规律的,你还抱着老观念不放,去限制这个,限制那个,就限制不了国外产品。我们如果不去加大技术创新力度,单靠现有的品种型号规格,在未来的市场竞争中会陷于被动的地位。

就目前现实情况而言,我国塔式起重机几乎是上回转一统天下,下回转塔机很少。这正好说明我国塔机品种单一化,人们思想概念上的固化。实际上,只是要有技术创新,下回转塔机在我国完全是可以大有作为的。改变现有的下回转整体拖运块装式塔机成本偏高、参数偏低的缺点,就很有发展前途。在各次国际博览会上,可以发现:国外塔机的发展,仍以中小型塔机居多,而且下回转快装式塔机很多,超过上回转塔机。访问国外企业,问及他们特大型塔机的生产状况,他们说生产过特大型塔机,但必须以销定产。特大型塔机不是主导产品,而且价格很贵。从这里可以看出,国外公司非常注意市场需求,绝不像有人常用生产塔机的大小来衡量技术进步的方向。生产特大型塔机一定要有针对性,而且只有少数大型企业适合承担,不宜把人型化作为发展方向。就是大型塔机,需求量也相当有限,生产厂家不能太多。相反,结合实际情况,多开发一写经济实惠、简单适用的中小型塔机,去取代目前到处都存在的落后的机型,倒是有很大的潜在市场,对改变我国大量的落后施工设备、提高安全保障度有重要实际意义。

二、传动机构方面

在传动机构上重点要抓住起升机构，要真正在科技上下功夫。起升机构的要害是电流冲击、速度冲击和反弹乱绳。近几年来，电机行业特种多速起重电机的开发和改进，使起升机构的性能有所提高。电机技术进步突出表现在切换电流降低了，冲击减小了，散热条件有所改善；特别是混合绕组绕线式电机的开发应用，增大了起升机构的实际应用功率范围，为中大型塔机开发提供了配套条件。在我国，变极调速在塔机起升机构上唱主角。调频调速纵然性能非常好，然而由于成本问题，用户接受并不广泛。但变频调速是发展方向。随着科技进步，变频器的价格也会下降，会逐步被用户接受。要解决好起升机构的反弹乱绳问题，应当着力于开发具有大而短的卷筒的起升卷扬机。我国现有的起升机构，卷筒直径对钢丝绳直径比偏小，造成偏摆角过大，钢丝绳松动时回弹力大，很容易乱绳。而且钢丝绳缠绕半径小，弯曲度就大，交变疲劳应力也大，因而容易损坏。有的塔机断绳时一下子断成好几节，断头较齐，就很可能与疲劳有关。我们的标准规定这个比值得在 20 以上，这是最低限制，并不是理想的比值。升降机标准中提出要 30～40，这只是个愿望，实际远远没有做到。但不管怎么样，开发大而短的卷筒的起升机构很需要，比搞折线槽重要。因为即使有折线槽，只要钢丝绳易于反弹，就易跳出槽外，还是会乱绳。解决这个问题一定要有创新意识。如果大家停留在用“π”形布置的老一套方案，问题就很难解决。用 L 形布置，可以作到，但带螺旋伞齿轮的减速机成本高，机构布置重量又偏在一边，也不是很理想。近年来，在有些地方出现的电机和减速机分布在卷筒两端的一字形起升机构，到是布置比较合理，卷筒可以作到大而短，但还有待系列开发和进一步使用考核。

三、回转机构方面

回转机构上，应继续推广应用行星齿轮减速机和有意识地推广调频调速。回转机构的要害是惯性冲击。起动过快冲击大，停车和打反转都不容许过快过急，否则不仅运转不平稳，也很容易损坏机构。过去缺乏回转专用减速机，只好用摆线针轮，由于这种减速机轴伸短，耐不住冲击而易于损坏。近几年来，行星减速机已得到普遍应用，从小到大已成系列，几乎取代了摆线针轮，只有很少的塔机还在用摆线针轮或蜗轮蜗杆减速机。因此还要继续推广行星齿轮减速机，去取代这些落后的机构。为解决回转的惯性冲击问题，前些年已想了很多办法，如多速电机变极调速、绕线电机串电阻加涡流调速、电磁滑差调速、调压调速、调频调速。在这许多办法中，以调频调速效果最好，起制动最平稳，但是调频的价格较贵，有的用户不愿接受。从发展趋势来说，应当有意识地推广调频调速。除了一些惯性力比较小的轻便塔机外，在回转机构上一般应尽量采用调频技术，因为回转机构的功率不大，搞一个调频器的成本增加不了多少，而且用单速调频电机取代多速电机，在电机和电控元件上还会节约一些钱，总成本高不了多少。现在，调频器的价格也比过去有所下降，这些新技术是值得推广应用的时候了。

四、控制系统方面

在控制系统上，应推广可编程控制技术（PLC）和数码信息传送技术，使塔式起重机向智能化方向发展。

PLC 技术，就是把优化过后的操作程序，用程序语言输入到磁盘中，使塔机按优化好的程序工作，可减少不少失误操作。这样的技术在许多大一点的塔机生产企业中已应用多年了，事实证明它好用耐用，能减少故障。用高新技术改造传统产业，这就是内容之一。至于数码信息传送技术，是把操作指令变成数字编码发出去，而接收到信息后，通过解码又变成控制指令。用这种技术可以实现遥控，也就是驾驶员不必上塔，而是持一个遥控器(也就是指令发送器)到你认为合适的地方去操作，比如到在建的建筑物的最高层，既看得清全貌，又不必上塔机驾驶室，更加安全自由。无人驾驶飞机都已经实现了，所谓无人驾驶，实际还是有人，不过不在驾驶室，而是在遥控室。像塔机这种操作系统，不是特别复杂，但保障人身安全很重要，实现智能化，不要让人爬塔，是很有意义的事。在现代信息技术设备已很发达的今天，也是完全可以做得到的事情。

五、安全监控显示装置方面

我国的塔式起重机与国外先进的塔机有一个很大的差别，就是安全保护系统只有限制器和限位器，却没有工作状态显示器，驾驶员在操作时不知道自己现在处于什么状态，不知道吊起多重，起重力矩是多少，离危险状态还有多远。甚至有的限制器坏了也不知道，这就潜伏着很大危险。所以装上安全监控显示装置很重要。要学习国外人的长处，这也是一个重要内容。当然这得有一个过程。作为第一步，起码要推广应用起重力矩监控显示装置。因为力矩的监控显示是最重要的，力矩失控会造成机毁人亡，与其他安全指标不是平起平坐。而力矩限制器平时又很少动作，偏偏引起不了重视，到底有没有故障，驾驶员往往不知道，这是事故潜在危险。如果装有监视器，只要一起吊，就知道起重力矩是多少，离额定值还有多远；出了故障，显示器不动了，你就会停止工作，先检修后再工作，这就安全多了。国外产品一般都有显示监控器，而国内产品却没有，这就是落后的表现。过去没有开发出来，还有点原因，现在开发出来了，就应当使用，要适当强制，才能真正作到技术上有进步。

第四节　如何正确选购塔式起重机

塔式起重机是工程建设中一种很重要的大型设备，也是衡量一个建筑公司装备实力的重要标志。在建筑工程实行招标制度的今天，充满了竞争意识，很多工程建筑公司都想购买塔式起重机。但是面对我国这么多生产厂家的产品，再加上国外进口的各种各样的塔机，到底怎样正确选购，是摆在许多公司领导和设备管理人员面前的一个重要问题，也是一个较难做出决策的问题。正确选购塔机也是一门学问，如果你想真正买到一台合适的塔机，认真钻研点科技知识是非常必要的。

一、塔式起重机的型号和整机工作性能的关系

我国的塔式起重机型号规格已经很多，同种型号，生产厂家也很多，作为一个塔机的选购人员，首先必须懂得塔机型号的意义，但仅如此还不够，还应当进一步了解同种型号塔机的差别在哪里，这些差别什么是主要的，什么是次要的，这样才不至于被表面介绍所模糊。在第二节，我们已经介绍过我国塔机型号的编制方法，已经知道我国塔机型号是以起重力矩为主参数编制出来的。型号是塔机报价的主要依据。比较塔机性能，只能以同种型号或相

近型号的机型去比。在同种型号下，我国不同厂家生产的塔机，工作能力差别也很大，因此还要继续探讨这些差别的重要性。塔机型号中的起重力矩叫公称起重力矩（或者叫名义力矩）。所谓起重力矩指的是起重臂为基本臂长时（标准规定至少要达到的臂架长度）最大工作幅度与相应额定起重量（kN）的乘积。而不是某台塔机真正实际的额定起重力矩。标准规定的常用塔机的基本臂长和相应额定起重量如表 1-1。

表 1-1 常用塔机基本臂长度和相应额定起重量

参数名称	参数值								
起重力矩(kN·m)	160	200	250	315	400	500	630	800	1000
基本臂长度(m)	16	20	25	25	30	30	35	35	40
相应起重量(kN)	10	10	10	12.6	13.4	16.7	18	22.9	25

参数名称	参数值							
起重力矩(kN·m)	1250	1600	2000	2500	3150	4000	5000	6300
基本臂长度(m)	40	45	45	45	50	50	50	55
相应起重量(kN)	31.3	35.6	44	56	63	80	100	114.6

值得指出：现代塔式起重机基本臂的长度。比如 QTZ80 塔机，有的最大臂长已达到 56m，远远超过基本臂长 35m。这是科技进步的结果，对用户有好处。为了显示自己塔机性能的优越，现在有的塔机厂很乐意把塔机最大臂长（m）与臂端（最大幅度）处所能吊起的额定重量（kN）两个主参数来标记塔机的型号，虽然这没有正式标准依据，但是很直观的反映了塔机真正的起吊性能。比如中联重科的 QTZ80H 塔机，又一型号标记为 TC5613，其意义表示最大臂长为 56m，且 56m 处可以起吊 13kN（1.3t）的重量。有心眼的人马上会计算一下：

$$56\text{m}\times 13\text{kN}=728\text{kN}\cdot\text{m}<80\text{tm}$$

是不是该塔机达不到 80tm 起重力矩呢？不是的。实际上该塔机起重力矩远远超过 80tm，因为该塔机有三种实际臂架长度 44m，50m，56m。表 1-2 列出三种臂长下在 35m 处（也就是基本臂长最大幅度）起重量和公称力矩：

表 1-2 QTZ80H 在三种臂长条件下的公称起重力矩

参数名称	参数值		
实际安装臂长(m)	44	50	56
在 35m 处起重量(kN)	32.3	29.1	25.5
公称起重力矩(kN·m)	1130.5	1018.5	892.5

由上表可以看出 TC5613（QTZ80H）塔机，无论在哪一种臂长下，公称起重力矩都超过 80tm。也就是把大塔当小塔来卖。这对生产厂来说是不合算的，对用户来说可得便宜。之所以造成这种状况，是市场竞争的结果。由于缺乏技术创新，品种单一，市场竞争靠打价格战，所以就以大充小来便宜卖。用户从这里可得出一个经验：买塔机时，要了解一下你所买的塔机基本臂长度处的真正起重量（见表 1-1），看看比标准规定的值是高还是低，计算一下真正公称力矩是达标还是超标，超标准自然你得了好处，超得多你得的好处也多。掌握了这一点，你就不至于会被同种型号不同塔机生产厂的塔机所迷惑，这才是科学的选择。

那么也许有人会问，你的 TC5613 在臂端起重量为什么达不到 80tm 呢？你改成 TC5614 或 TC5615 不是可以达到 80tm 了吗？对你来说当然指标越高越好，可是对厂方来说就很难承受了，因为真正公称力矩超得太多了。这里起作用的是小车和吊钩重量所占的额外力矩，比如说 80 塔机，在基本臂长处，其小车和吊钩的自重力矩为 35m×12kN＝420kN·m；而在 56m 处，其自重力矩为 56m×12kN＝672kN·m，增加了 672－420＝252kN·m 的额外力矩。如果你要求该 80 塔机 56m 处也能吊 800kN·m，那么其公称起重力矩(35m)处就为 1052kN·m 了，这样厂方就太吃亏了。作为一个明智的用户，提的要求应当科学合理，才能得到供方的理解和尊重。

有的塔机选购人员，只看一个数字，那就是价格。比如要买 80 塔机，只看谁报的价最低，就买谁的，自以为买了个便宜货。通过上面的分析，你就会明白，你未必就得了实惠。因为 TC3524、TC4020、TC4516、TC5014、TC5613 都可以称为 80 塔机，但哪种工作范围大，你一比就明白了。在满足同一最大起重量的情况下，当然应该是工作幅度最大的塔机最好。比如你便宜的买了一台 TC4516，比起 TC5613 来，最大工作幅度小 11m，恐怕就难得有实惠可言。

衡量塔机整机性能的另外两个重要参数是最大起重量和独立式工作高度。这在标准中有起码的规定，一般厂家提供的塔机，只会超过不会低于规定指标。用户追求的当然是至少达到或超过指标。常见塔机型号最大的起重量和独立式工作高度如表 1-3。

表 1-3　常用塔机型号的最大起重量和独立式工作高度

参数名称	参数值										
公称起重力矩(kN·m)	16	20	25	315	400	500	630	800	1000	1250	1600
最大起重量(kN)	15	20	25	30	40	40	50	60	80	80	100
独立式工作高度(m)	20	22	25	27	30	35	40	45	50	50	50

参数名称	参数值					
公称起重力矩(kN·m)	2000	2500	3150	4000	5000	6300
最大起重量(kN)	55	55	60	65	70	80
独立式工作高度(m)	120	120	160	200	200	250

附着式工作高度，不是主要参数，因为可以通过多设附着架去改变。但起升机构最大容绳量的多少，对最大附着高度仍然有一定限制。对承担高层建筑的用户，这一点应该引起注意。不过绝大多数是能够满足的，只有那些用小塔机盖高楼的人往往才会遇到困难。应当注意的是，凡超高使用，最好去科研设计单位进行咨询帮助，以免发生意外事故。

二、塔式起重机类型的选择

不同的地区，不同的建筑规模，不同的建筑公司，不同的工程任务，对塔式起重机的要求差别可以很大，正确选择塔式起重机的类型，对于合理地、有效地，经济实惠地完成工程任务，具有重要意义。为此，必须大体了解各类塔机主要特点及它的适用性。

1. 上回转自升式塔机

上回转自升式塔机是我国目前建筑工程中使用最广泛的塔机，几乎是万能塔机。它的最大特点是可以架得很高，所以所有的高层和超高层建筑、桥梁工程、电力工程，都可以用它去完成，适应性很强。但是自升是要付出代价的，首先它必需要有套架、平台、泵站和液压系统，这要增加成本；另一方面，自升塔机的顶升是倒塔事故的重要原因之一，比较危险，必须相当注意操作程序，以减少事故率。所以什么工程都用自升式塔机，以为万能最好，并不是明智的选择。这在观念上要改变。

2. 上回转拼装式塔机

上回转拼装式塔机其塔身由标准节累起来，只加到独立式高度，不再自升，可以降低成本和消除顶升的危险。这种塔机，用自已起升机构完成安装的叫自装式；用汽车吊来完成安装的叫城市塔机，或者叫他装式塔机。这种塔机还可以搞行走式，工地覆盖面可以很大，这是优点，但不能很高，这是缺点。凡是高层建筑不很多的地方宜买这种塔机。山东省年销量达 5000～6000 台的塔机中，主要是这种塔机。

3. 下回转拼装式塔机

下回转拼装式塔机其塔身同样由标准节拼装起来，加到独立式高度。同样分为自装式和他装式，同样可以加行走台车搞行走式，加大工作覆盖面。所有上回转拼装式塔机的优点它都有，但除此之外，它却具有下回转塔机的三大优点：一是它的传动机构都在下面，便于维护、管理和更换零部件；二是它的重心很低，很稳定，固定式的下回转塔机几乎很难出现倒塔，是种安全型塔机；三是塔机顶部没有不平衡力矩，塔身以受压为主，起吊时几乎很少摇晃，工作平稳，不用担心连接螺栓断裂和连接套焊缝开裂，独立式高度可以架得较高，可超过同档次的上回转塔机，而且结构上节约钢材，降低成本。这几大优点决定它很有发展潜力，只是由于它是创新型塔机，人们还不了解，所以还有待推广应用。

4. 整体拖运下回转快装式塔机

整体拖运下回转快装式塔机是欧洲发达国家用得很多的塔机，连小城镇以至于乡村到处可见到，其台数远超过上回转塔机。该种塔机最大优点是转移工地方便快捷，同样下回转便于管理、更换零部件的优点它也具备。但是整体拖运快速架设需专用装置，而这些专用装置只有转移工地时才有用，利用率不高，增加了成本，而且受拖运长度限制，工作参数高不了。所以这种塔机技术传入我国已很久了，推广运用并不普遍，不太适应我国目前购买力低的实现。下回转拼装式塔机的开发，正是针对下回转快装式的以上缺点，吸取上回转拼装式的优点而创新设计出来的。

5. 动臂式塔机

动臂式只是针对小车臂架式而言，它既有上回转也有下回转。它的优点是臂架结构简单，以受压为主，故起重量大。缺点是变幅不方便，幅度也不可能很大，所以常常作成行走式。动臂式主要用于吊重量大的安装工程和不许侵犯“领空”的地方，一般情况下不如小车臂架式好用。

6. 内爬式塔机

这是由上回转拼装式塔机的下边加上内爬式顶升装置而成。目的在于增加工作高度，以适应高层建筑施工要求。这只是安装方式的改变，其他并无别的特点。该种塔机只使用于电梯井道爬升，不像自升式塔机那样有广泛的适应性，故定货数量很少。

通过上面对各种类型塔机的特点的大体介绍，我们可以看出：一般来说上回转自升式塔机既能盖低层，也能盖高层，适应面最广泛，这是它突出的优点。但要打附着就不能行走，也不能立在两栋楼之间，它的工作面就受到一定限制。更重要的是：自升式塔机的成本比拼装式要高，而维护管理、更换零部件和安装使用的安全性就不及下回转塔机。所以一个工程公司，搞单一的自升式塔机配置并不合理。下回转拼装式塔机工作平稳、维护管理和更换零部件方便，独立式性能参数指标相对较高，节约钢材，成本低，适合于搞经济型塔机，固定式安装时很难倒塔，也不怕连接螺栓断裂或连接套焊缝开裂，安全度高，是一种适于在量大面广的多层和中层建筑推广应用的好塔机。它也适于行走式或立在两栋楼之间，工作面大。但行走式不及固定式安全，这对所有塔机都是等同的。下回转塔机和顶升附着式塔机，各有各的优点，各有各的应用场合，二者相辅相成，不要把二者对立起来。一个大的建筑公司，不可能只盖高楼大厦，最好又有自升式，又有下回转。是什么样的工地就用什么样的设备，这是最经济合理的配置，用下回转塔机盖高层有困难，用顶升式去盖中低层不合算，且事故几率要大。小的建筑工程单位，如果估计你接高层建筑可能性不大，还是买下回转拼装式塔机好，既经济实惠，且便于管理维护、使用安全、事故几率少得多。万一有一天接到高层建筑时咋办？实际上也好办。因为那时你的资质一定提高了，再买一台自升式塔机也行。或者租一台自升式塔机干一个工程也合算。已有的下回转塔机还是大有用场，因为接中低层建筑的机会比接高层建筑的机会究竟要多得多。为了怕有不知哪一天才会有的高层，老是用价格高得多的自升式塔机去盖中低层建筑，这很不合算。更何况下回转塔机也有增高办法，当然不是顶升附着，而是用 30°仰臂安装方式，要完成 10～14 层的中层建筑并不困难，而上回转塔机却难于作到这一点。

三、三大传动机构工作性能的考察选择

塔式起重机的起升、回转、变幅等三大传动机构，是塔机的功能执行机构，其性能好坏，直接关系到整机工作的好坏。在塔机使用中，用户最迫切的要求是运转平稳和工作可靠。只有平稳才有安全舒适感，只有可靠才会有真正的施工效率。而影响塔机工作性能的最主要的因素是惯性冲击和电流冲击。惯性冲击破坏平稳性，电流冲击最易影响电网电压和电气系统的寿命。在整机主要工作参数相同的情况下，产品性能好坏的主要因素就是三大机构工作性能。

1. 起升机构

起升机构是三大机构中功率最大的传动机构，其运转起动或变极切换速度时，往往会给电网带来很大的冲击，使电网电压下降，严重时甚至使接触器线圈电压保不住而跳闸断电，接着电压回升又闭合，然后又跳闸，这样反复起动、断电，使系统无法工作；而且电机和接触器均处于大电流交变状态，很容易烧坏。大大缩短使用寿命。随着塔机吨米数的增大，这一问题变得更加严重，成了塔机向大型化发展的严重障碍。为了解决这一问题，科技工作者付出了很大的努力，也取得了不少技术上的进步。但是所有的技术进步都是要付出经济代价的。从起升机构来说，当然是无级调速最好，技术水平最高，而且电流冲击也小。然而其成本高，用户就要考虑。至今为止，我国塔机起升机构绝大多数都是有级调速，无级调速刚刚在起步，然而无级调速已经是国际上塔机技术发展的方向。那么很清楚，作为一个用户，你在选购塔机时，你应该搞清楚，你所想买的塔机，调速方案是什么，这很重要。如果是无级调速，即使价格高一点也值得。但如果是有级调速，你又怎么去判别性能的好坏呢？大体可以这么说，有级调速也有跳级大小的不同，有两级的，有三、四、五级的，最终都反映在起动或换档时加速度冲击和电流的大小上。不同厂家出的塔机，由于采用的方案不一样，即使速度档次一样，比如说都是三档，但冲击值可以相差很大。那么用户怎么去判别好与不好呢？大体可以这么判断：一般建筑工地，电机起动或切换速度时，容许的电流冲击值在 300～350A 以下，大型工地也许可以高一点。在选购塔机时，你应当问清楚起升机构采用什么调速方案，用的是什么样的电机。大体可以说：一般的鼠笼式起重电机，起动或切换速度时，其电流为

额定电流的6.5倍。比如24kW鼠笼式起重电机，额定电流50A，那么起动电流可达到330A。正是这样，我们在设计塔机时，如果用三速鼠笼式电机作起升机构的驱动电机，限制在24kW以下。但是近几年来，在科研单位和有关电机厂的共同努力下，起动电流有明显降低。比如有的厂生产的24kW三速鼠笼电机，最大冲击电流可以降到180A，大大提高了起升机构的使用可靠性。对于8t级的起升机构，动力在30～37kW，额定电流70A左右，用鼠笼式电机可靠性就低了，建议用双速绕线复合转子带涡流制动的特种电机，其切换电流在200A左右。对10t级起升机构，可以选用双速双滑环绕线转子涡流制动特种电机，其功率为51～55kW，额定电流110A，最大切换电流可降到220A左右。对于使用较大型塔机的工地，这样的冲击值完全可以确保正常使用。有了以上参数值，用户完全可以去试测和对比一下，你所要选购的塔机，其起升机构起动或速度切换时，电流冲击值究竟是多少。这是最主要的性能参数，因为冲击电流值直接影响发热和接触器的寿命，决定你的塔机出毛病多不多，好用不好用。这正像一个人的心血管系统的健康与否，决定这个人能否正常干力气活的道理一样。

2. 回转机构

回转机构是塔式起重机惯性冲击最严重的传动机构，而且随着臂架的加长越来越突出。惯性冲击突出表现是起动时突然抖动一下，停车时不能急性制动，最多只能软制动。为使塔机回转平稳，已经采取了多种缓冲措施，但只要是有级变速，这一问题始终存在。其后果是易于冲坏减速机，造成臂架和塔身的扭摆冲击振动，使操作人员很不舒服，缺乏安全感；另一方面，惯性作用使电机停车后仍有一段较长时间的溜车，使就位不准，影响功效。为解决回转机构的惯性冲击，也已想了许多办法，具体留待后面的章节介绍。作为用户，建议你最好选无级的变频调速，因为这种方案同时解决了起动惯性冲击和停车惯性溜车两个问题，工作相当平稳。该方案即使成本高点，但回转功率不很大，贵不了多少，多花点钱也值得。

3. 小车变幅机构

小车变幅机构也是影响重物就位准确性的一个重要机构，但惯性冲击的程度要比回转机构低一些。现在我国的塔式起重机，大多数的变幅机构是双速，也有小塔机用单速，大塔机用双速的。但近几年来变频无级调速的小车变幅机构也开始出现了，这完全符合国际上塔机技术进步的发展趋势。

总之，在同一种型号中，按三大机构工作方式的不同，产品的档次拉开的差距可以很大，用户不要以为只要型号一样，买得越便宜就越合算。因为高档产品，成本自然也高一些。一般建筑公司，总是把高性能、高效率、高可靠性放在首位，这是明智的选择。因为好的设备带来的施工进度效益和节约的维护费，远高于设备购置多出来的差价。当然，有些用户受经济条件的限制，只好选择一些技术档次稍低一点的产品或配套部件，这只能另当别论。凡适用、可靠、经济实惠的产品、都可放在选择之列，只是出发点不同、着重面摆得不一样而已，但是如果只把价格因素放在首位绝不是科学合理的选择。

四、电气控制系统的对比选择

在塔式起重机使用中，电气的故障是发生最多的故障。据统计约占总故障的70%以上，这些故障很多出自接线不牢固、元件质量不好、电控柜散热条件不好、联动操作台触点闭合不可靠。但是也有不少故障出自系统设计不合理或没有防误操作保护。电控系统多种多样，到底怎么来判断其优劣呢？建议从以下几个方面来做对比分析：

1. 电气元件

看看所用的电气元件，是否是货真价实的基础元件。塔式起重机的电气元件工作环境条件，远比机床电气工作条件恶劣，因此如果把普通机床或一般机构常用的接触器、继电器等用在塔机上，就不可靠，使用寿命短。目前在我国塔机上应用较成功的接触器有 LC1 - D 系列、BK 系列、schlade 等电气元件。当然还有别的系列，但是必须要经过在塔机上较长时间的使用考核才能肯定其适应性。

2. 联动操作台

一定要选用专业厂家生产的，自己生产的难于有稳定的性能。主要问题是触点工作不稳定，该通时不通，该断时不断，往往易造成操作失灵。三相不平衡。某些地方短路甚至烧坏电机。

3. 系统设计

系统设计是否合理，是否有可靠的自保护功能。所谓系统设计的合理性，是指工作中能否合理解决各种参量的矛盾。比如说双速绕线涡流制动电机，起动或切换电流的大小，与电机伸出轴力矩是同时增长或降低的，你要想有大的起动力矩，就希望串的电阻小一点，但这时电流却大一些，易于发热升温，这一对矛盾就需要合理解决。还有，你如果想要得到一个低速，就希望涡流制动器的励磁电流大一点，但同时电机也运行在大电流工况之下，发热严重，你就必须合理地限制这个值和低速工作运行时间，否则就会烧坏电机或降低使用寿命。这些矛盾解决得好不好，与你的系统设计合理性关系极大。再比如，系统发生三项不平衡，超电流、短路现象是常有的事，你的电气系统怎么去避免由这些现象引发的严重后果，不能一不正常就出事故。这也是系统的合理性。总之，系统的合理性与机构工作是否正常关系极大，烧坏电机不一定是电机的质量问题，与电控系统的设计是否合理有关系。合理性也是设计水平的体现，在这里建议用户还是要找技术靠山，只有那些很熟悉产品性能的人，才能搞出较合理的系统设计方案来。

4. 操作方式的选择

我国塔机的操作系统，大体可分以下方式：(1)转换开关；(2)联动控制台；(3)PLC 控制器；(4)工业遥控器。以上方式一种比一种先进，但适用场合也不一样。PLC 控制系统已经采用电子控制技术，也叫作程序语言控制系统，它能把各种型号塔机都按调试好了的经过优选的运行程序工作。这里考虑了起重量的大小、运行速度、加速度、离最终限制目标有多远、低速档的运行时间限制、什么情况下要自动降速等，都用程序语言固定存储在磁盘中，这样就可避免误操作引起的冲击、过载、超时及超工作范围而可能引起的危险，并能自动诊断电气故障，用小红灯显示报警，便于检查维护。PLC 控制，是国际上塔机控制技术的发展趋势，它能把许多用触点通断的继电器功能用集成电路芯片取代，这只会减少故障，提高可靠性，正像电脑控制的家用电器比老式按钮控制的家用电器更好用一样，用户不必为自己不熟悉它而担心。事实上国外进口塔机已普遍采用 PLC 控制，国产塔机也有一些厂用了很久了，证明使用确实可靠，我们应当推广应用这些新技术。智能控制，在一些设备上也已应用，主要是环境恶劣或危险岗位用得多。在混凝土布料杆和泵车上也早有应用，塔机驾驶，是危险岗位，如果能用遥控，让司机不上塔，拿个遥控器到他认为合适的地方，可以大大减少事故隐患的威胁。但是必须要有一个前提，遥控器可靠。为此要调好各种安全保护装置。作为起步，建议先实现下回转固定式安装塔机的遥控，因为下回转固定式塔机比上回转塔机安全得多，很难倒塔。万一有失控，事故损害也小得多。更何况有多道保险装置，只要精心操作，遵守规程，并不容易出事故。事实上下回转塔机的活动驾驶室就是有线遥控，已经应用很多年。现代信息传输技术完全有可能向无线遥控发展，多道安全保险装置同时出故障的机会是很少的。无人驾驭飞机都已成为现实，遥控塔机也一定会得到工程应用。

五、安全装置的完备程度

我国塔式起重机的有关标准规定：塔式起重机都应装有起重力矩限制器、起重量限制器、起升高度限位器、幅度限位器、回转限位器。由于现在塔机执行许可证制度，这些装置恐怕都不会少，否则过不了关。但是不同塔机安全装置的灵敏度、精度和可靠性各不相同，用户在选购塔机时，应追求这些装置最好是专业厂家制作的。如果有自制的，要特别注意检查其可靠性。除以上必须有的安全装置外，各厂出的塔机不同程度加有别的安全装置。如防牵引断绳溜车装置、小车防断轴下坠装置等。

值得强调的是：安全监控显示保护装置，是塔机技术进步的重要标致、是发展方向。现有塔机所装的限制器和限位器，只有当有关参数快达到限制值时才动作，一般情况并不动作，因此即使出了毛病，操作人员不一定立即看得出，这就潜伏有事故危险。安全监控显示装置，要以清晰的画面和数字，很直观地随时显示塔机当前的工作状态，如力矩多大、起重量多大、幅度多大等，而且有语音提醒。报警和切断电流等多种功能，比单纯的限制器好得多。进口塔机一般带有这种装置，国产塔机这方面尚处于起步阶段，带显示的还不多，但有显示器的塔机可随时掌握情况，防止许多潜伏事故危险。作为用户，应追求带显示器的塔机，多花点钱是用有所值。

塔式起重机是大型设备，投资往往以几十万元甚至百余万元来计算。所有的用户，都希望自己花了钱能买上好东西。要作到这一点，唯有在科学分析的基础上，真正理解什么叫好，什么叫有水平，然后再加上对厂家制作工艺和质量的考察，才可以作到头脑清醒去拍板。采购人员的责任是很大的，只有那些尊重科学、实事求是的人，才有可能准确认真地完成自己的职责。

第五节　我国部分塔式起重机产品型号和性能参数表

1. 长沙中联重科塔式起重机产品主要性能参数表

序号	项目/参数/机型号	额定起重力矩(kN·m)	最大起重量(t)	最大工作幅度/起重量(m/t)	最大独立高度(m)	最大附着高度(m)	总功率(kW)	起升机构的调速方式	整机总重量(t)
1	QTZ63(5613)	630	6	50/1.3	40.5	140	43.2	三速变极	32
2	QTZ80(5015)	800	6	50/1.5	40.5	140	43.2	三速变极	31.5
3	QTZ100	1000	8	56/1.3	46	150	59.4	双速绕线＋涡流	41
4	QTZ125	1250	10	50/2.3	60	150	77.4	双速绕线＋涡流	53
5	TC5518	1250	8	55/1.8	60	150	59.4	双速绕线＋涡流	54
6	QTZ160	1600	10	60/2.0	52	160	81.9	双速饶线或变频	52
7	QTZ250	2500	12	70/3.0	61	240	91	变频调速	84

2. 北京市建筑工程机械厂塔式起重机性能参数

序号	机型号	额定起重力矩(kN·m)	最大起重量(t)	最大工作幅度/起重量(m/t)	最大独立高度(m)	最大附着高度(m)	总功率(kW)	起升机构的调速方式	整机总重量(t)
1	HK40/21B	294.4	16	70	50.6	153.7	100	70RCS40	93
2	HK30/21B	290.4	12	70	50.6	153.7	100	70RCS30	93
3	H3/36B	295	12	60	56.6	159.7	100	70RCS30	93
4	F0/23B	145	10	50	61.6	203.8	90	70RCS25	69
5	FG5518	145	10	55	61.6	203.8	90	RCS25	70
6	QTZ100	120	8	50	47	140	75	双速绕线电机	50
7	QTZ50	57	4	40	36	100	35	三速电机+直齿	30

3. 江麓牌塔式起重机主要性能参数表

序号	机型号	额定起重力矩(kN·m)	最大起重量(t)	最大工作幅度/起重量(m/t)	最大独立高度(m)	最大附着高度(m)	总功率(kW)	起升机构的调速方式	整机总重量(t)
1	QTZ315A	3570	16	70/3.4	65	245	118	全变频	128
2	QTZ250	2800	12	70/3.0	53	200	81	电子离合器换档	92
3	QTZ160F	1600	10	65/1.6	53	203	91	双三速电机差动	70
4	QTZ160	1600	10	60/1.8	56	203	91	双三速电机差动	69
5	QTD160	1600	12	50/3.2	51	180	152	电子离合器换档	90.4
6	JL150	1500	10	55/2.07	50	205	76	电子离合器换档	65
7	QTZ125F	1250	8	55/1.89	50	205	59.3	电子离合器换档	62.3
8	QTZ125	1250	8	50/2.17	44	184	59.3	电子离合器换档	57.7
9	QTZ80F	1050	8	55/1.5	41.5	186	59.3	变频	46.8
10	QTZ80EA	800	8	45/1.51	41.5	164	52.9	电子离合器换档	53
11	QTZ80	800	8	50/1.3	39	164	57	三速电机+行星	43
12	JL5015	780	6	50/1.5	36.8	138	47	三速电机+锥齿	31
13	JL4118	770	6	41/1.84	39	120	38	三速电机+直齿	30
14	JL4210	560	4	42/1.0	30.4	85	28	三速电机+直齿	22
15	QTZ30F	315	3	40/0.8	32	90	26.7	三速电机+直齿	17.5
16	QT20	200	2	25/0.8	27	不自升	14	三速电机+直齿	9.4

4. 四川建设机械(集团)公司塔式起重机产品性能参数表

序号	机型号	额定起重力矩(kN·m)	最大起重量(t)	最大工作幅度/起重量(m/t)	最大独立高度(m)	最大附着高度(m)	总功率(kW)	起升机构的调速方式	整机总重量(t)
1	QTZ900	10225	32/50	70	87/85	行走	135.1	120LMD80	237
2	QTZ400	4680	20	70	78/44	262.8	80.5	70RCS50	116/97
3	QTZ250(7022)	2750	16	70/2.2	56	186.7	73.5	70RCS40	75

续表

序号	项目 参数 机型号	额定起重力矩（kN·m）	最大起重量（t）	最大工作幅度/起重量(m/t)	最大独立高度（m）	最大附着高度（m）	总功率（kW）	起升机构的调速方式	整机总重量（t）
4	QTZ250(7030)	3136	16	70/3.0	48.7	105.2	73.5	70RCS40	75
5	H3/36B	2952	12	60	51.7	208	73.5	70RCS30	77.5
6	QTZ200(5530)	2112	12	55/3.0	45	116.7	67.2	70RCS30	54
7	QTZ125(6018)	1390	10	60/1.8	53.8	194	64	70RCS25	66
8	QTZ125(6014)	1180	10	60/1.4	53.8	194	64	70RCS25	65
9	F0/23B/C	1450	10	50	60/45	206	64	70RCS25	58/42
10	QTZ80(5513)	970	6	55/1.3	39.8	121	34.5	33RD15	38.4
11	QTZ80(5015)	1000	8	50/1.5	39.8	121	39.7	40RD20	36.1
12	QTZ63(5012)	840	6	50/1.2	38.2	101.2	32.4	33PC15	29
13	QTZ50(4510)	536	5	45/1.0	35	100	21.8	绕线电＋涡流	25
14	QTD160	2000	10	50	52	146.7	93.5	70RCS25	64.3
15	QTD120	1488	8	45	52	147.4	79.8	55RCS20L	54.5
16	QTD80	1080	6	35	26.34		47	33RPC20	25.8

5. 沈阳建筑机械有限公司塔机性能参数表

序号	项目 参数 机型号	额定起重力矩（kN·m）	最大起重量（t）	最大工作幅度/起重量(m/t)	最大独立高度（m）	最大附着高度（m）	总功率（kW）	起升机构的调速方式	整机总重量（t）
1	M100/75	10000	32/40	80/7.5	76/91		135		200
2	M125/75	10000	50	80/7.5	91/120		135		200
3	M50/75	9000	20	80/7.5	91.2	300	95.5		250
4	H75/50	9000	32	60/5.0	48.9		135		162
5	L50/40	4000	20	75/4.0	78.9	174.9	77.5		130
6	K50/50	4000	20	70/5.0	78.9	174.9	77.5		117
7	K40/26	2500	16	70/2.6	45.7	153.7	77		82
8	K40/21	2500	16	70/2.1	45.7	153.7	73.5		82
9	K30/30	2500	12	70/3.0	51.7	153.7	74.5		82
10	H3/36B	2500	12	60/3.6	52/83	261.5	73.5		78
11	FL25/30	1600	10	50/3.0	83.6		109.1		78
12	G25/15(1.6)	1250	10	55/1.5	44.8	148	64.3		42
13	G25/15(2.0)	1250	10	55/1.5	59.8	208.3	64.3		59
14	H25/14(2.0)	1250	10	60/1.4	59.8	208.3	64.3		60
15	E15/15(1.6)	800	6	45/1.5	42.2	126	31		34
16	QTK250	250	3	25/1.0	32		14.9		14.4
17	QTZ400	400	4	45/0.8	31	85	20.8		18
18	QTZ315	315	3	40/0.7	28	82	20.8		16
19	R70/27	2500	12	70/2.7	53.65	140.5	57		86
20	R54/16	1000	8	54/1.6	46.35	106.4	42		40

6. 广西建工集团建筑机械制造有限公司塔式起重机性能参数表

序号	参数 项目 机型号	额定起重力矩（kN·m）	最大起重量（t）	最大工作幅度/起重量(m/t)	最大独立高度（m）	最大附着高度（m）	总功率（kW）	起升机构的调速方式	整机总重量（t）
1	QTZ250	2800	12	70/3.0	59	221	84.5	绕线电机＋涡流	84.5
2	QTZ160	1665	10	65/1.6	51.5	209	73.4	绕线电机＋涡流	74.3
3	QTZ125	1260	8	50/2.3	48	176	66.9	绕线电机＋涡流	55.3
4	QTZ120	1200	8	60/1.5	47.5	188	48.1	绕线电机＋涡流	54
5	QTZ100	1000	8	55/1.5	44	176	56.4	绕线电机＋涡流	43.5
6	QTZ80A	945	6	50/1.4	48.5	120	56.4	绕线电机＋涡流	43
7	QTZ5015	868	6	50/1.5	36.5	174	52.7	绕线电机＋涡流	34.5
8	QTZ60	600	6	40/1.3	40	100	52.4	绕线电机＋涡流	36
9	QTZ5012A	700	5	50/1.2	36.5	112	37.9	绕线电机＋涡流	29.63
10	QTZ4015	660	4	40/1.5	36.5	100	37.9	绕线电机＋涡流	29.5
11	QTZ3518	660	4	35/1.8	35	80	37.9	绕线电机＋涡流	28.6
12	QTZ50	500	4	40/1.05	40	101.5	33	绕线电机＋涡流	27.7
13	QTZ3508	338	2.5	35/0.8	30.5	80	27.7	绕线电机＋涡流	19.8

7. 方圆集团有限公司系列塔式起重机性能参数表

序号	参数 项目 机型号	额定起重力矩（kN·m）	最大起重量（t）	最大工作幅度/起重量(m/t)	最大独立高度（m）	最大附着高度（m）	总功率（kW）	起升机构的调速方式	整机总重量（t）
1	QT20	200	2	25/0.8	24	16.2		变极	9.3
2	QT20(3006)	200	2	30/0.6	27	16.2		变极	9.1
3	QTZ20	200	2	30/06	27	50	16.2	变极	11.3
4	QTZ25	250	2.5	30/08	27	70	20.8	变极	13.5
5	QTZ31.5	315	3	35/08	29	70	20.8	变极	14.5
6	QTZ31.5	315	3	42/0.7	29	90	21.7	变极	20.5
7	QTZ40	400	4	42/0.8	31	100	21.7	变极	21.7
8	QTZ50	500	5	46/1.0	36	120	21.7	变极	26
9	QTZ63	760	6	50/1.3	40	140	31.7	双速绕线＋涡流	30.5
10	QTZ63A	760	6	50/1.3	40	140	31.7	双速绕线＋涡流	31
11	QTZ80	800	8	55/1.2	45	150	42.4	双速绕线＋涡流	54.7
12	QTZ125	1250	10	60/1.4	50	200	67	变频调速	61.6

8. 山东鸿达建工集团有限公司塔机性能参数表

序号	项目 参数 机型号	额定起重力矩(kN·m)	最大起重量(t)	最大工作幅度/起重量(m/t)	最大独立高度(m)	最大附着高度(m)	总功率(kW)	起升机构的调速方式	整机总重量(t)
1	QTZ160	1600	10	65	50	190	70	绕线电机＋涡流	54
2	QTZ125	1250	8	55	52	200	49.5	绕线电机＋涡流	52.1
3	QTZ100A	1000	8	55	50	180	49.5	绕线电机＋涡流	50.6
4	QTZ80	800	8	55	46	151	43	绕线电机＋涡流	44.1
5	QTZ63	630	6	50	41	141	31.7	变极调速	34.32
6	QTZ50	555	6	48	35	140	31.7	变极调速	30
7	QTZ40	400	4	45	35	100	21.1	变极调速	20.5
8	QTZ31.5A	315	3	40	30	80	21.1	变极调速	17.2
9	QTZ25A	250	2.5	32	25	60	19.4	变极调速	16.4
10	QTZ20	200	2	30	25	50	15.6	变极调速	12.6
11	QTG20	200	2	30	30		15.6	变极调速	15.5

9. 江苏省无锡市塔式起重机厂产品性能参数表

序号	项目 参数 机型号	额定起重力矩(kN·m)	最大起重量(t)	最大工作幅度/起重量(m/t)	最大独立高度(m)	最大附着高度(m)	总功率(kW)	起升机构的调速方式	整机总重量(t)
1	QTZ20	200	2	25/0.8	26	60	10.5	变极调速	10.5
2	QTZ25	250	2.5	32/0.8	26.7	60	21	变极调速	15(行)
3	QTZ31.5	315	3	37/0.8	31.4	65	20.2	变极调速	14.6
4	QTZ40C	400	4	42/0.94	32	100	28.9	变极调速	21
5	QTZ63C	630	6	50/1.3	40	122	31	变极调速	35
6	QTZ80G	800	8	52/1.4	41	142	45	变极调速	44
7	QTZ5613	800	6	56/1.3	41	142	36	变极调速	43
8	QTZ125	1250	10	63/1.3	47.3	162	44.3	双速绕线＋涡流	56.5
9	QTZ160	1600	10	60/2.0	41	149	71	双速绕线或调频	61.56
10	JSS7022	2500	16	70/2.2	51.6	205	98.3	调频变速	94(行)
11	QTK60	600	6	30/3.0	68.4		45	变极调速	33(行)
12	QTD150	1500	10	50/2.0	78	201.5	98.5	双速绕线或调频	63.7

10. 上海市吴淞建筑机械厂塔式起重机性能参数表

序号	项目 参数 机型号	额定起重力矩（kN·m）	最大起重量（t）	最大工作幅度/起重量（m/t）	最大独立高度（m）	最大附着高度（m）	总功率（kW）	起升机构的调速方式	整机总重量（t）
1	QTZ80	800	8	54/1.28	47	160	48	双速绕线＋涡流	39.09
2	QTZ63	630	6	48/1.2	41	120	37.7	变极调速	32
3	QTZ5013	760	6	50/1.3	40	140	31.7	变极调速	33
4	QTZ40	400	4	42/0.8	32	81	26.2	变极调速	19
5	QTZ31.5	315	3	42/0.7	29	81	19.9	变极调速	17
6	QTZ25	250	2.5	32/0.8	25.3	60	17.3	变极调速	12.4
7	QTZ20E	250	2	30/0.8	25	41	10.1	变极调速	11.3
8	QT20	200	2	25/0.8	25	35	10.1	变极调速	8.5

11. 甘肃省第一建筑机械制造厂塔式起重机产品性能参数表

序号	项目 参数 机型号	额定起重力矩（kN·m）	最大起重量（t）	最大工作幅度/起重量（m/t）	最大独立高度（m）	最大附着高度（m）	总功率（kW）	起升机构的调速方式	整机总重量（t）
1	QTZ63B	630	6	50/1.3	40	120	31.7	双速绕线或变频	27.7
2	QTZ40	400	4	45/0.7	35	100	21.8	双速绕线＋涡流	20.15
3	QTZ31.5	315	3	40/0.7	30.5	80	19.6	双速绕线＋涡流	20.65
4	QTZ20	200	2	30/0.6	25	60	14.7	变极调速	10

12. 山东省章丘市起重机厂塔式起重机产品性能参数表

序号	项目 参数 机型号	额定起重力矩（kN·m）	最大起重量（t）	最大工作幅度/起重量（m/t）	最大独立高度（m）	最大附着高度（m）	总功率（kW）	起升调速方式	整机总重量（t）
1	QT20D	200	2	30/0.6	36	—	22.2	变极调速	13
2	QT25D	250	2.5	32/0.7	30	—	25.1	变极调速	15
3	QT30D	300	3.0	38/0.7	30	—	25.1	变极调速	17
4	QTZ25	250	2.5	32/0.7	26	60	23	变极调速	20
5	QTZ32	320	3	38/0.7	30	100	23	变极调速	22
6	QTZ40	400	4	42/0.8	33	100	35	变极调速	25
7	QTZ63	630	6	50/13	41	120	44	双速绕线＋涡流	40
8	QTZ80	800	8	55/13	45	150	50	双速绕线＋涡流	45
9	QTZ100	1000	8	60/	50	180	56	双速绕线＋涡流	48
10	QTZ125	1250	10	60/1.3	50	200	60	双速绕线＋涡流	60
11	QTZ160	1600	10	65/	50	200	62	双速绕线＋涡流	62

第二章　塔式起重机的主要构造及功能

塔式起重机的品种、型号、规格很多，但从回转支承的方式上区分，可分为上回转塔机和下回转塔机。这两类塔机的整机功能、适用范围和受力性能差别很大，尤其是金属结构的受力性能差别很大，因此要重点分别介绍。至于几大工作机构基本相同，则放在后面分节介绍。

第一节　上回转塔式起重机的构造及特点

上回转塔式起重机是回转支承在塔身顶部的起重机，尽管其设计型号有各种各样，但其基本构造大体相同。整台的上回转塔机主要由金属结构、工作机构、液压顶升系统、电气控制系统及安全保护装置等五大部分组成。每一部分又都包含多个部件。在这里我们不打算去介绍各种型号塔机的具体构造，只抓住其基本组成及部件的作用和特点作典型介绍。

塔机的金属结构是整台塔机的支撑架，其设计制作的好坏，直接关系到整台塔机的使用性能和使用寿命，也关系到建筑工地生命财产的安全，因而金属结构是塔机的关键组成部分。金属结构的设计计算是一个很复杂的过程，它涉及到负载计算和承载能力分析，不是简单介绍一些公式所能凑效的。本书是介绍塔机应用技术，故不过多解释计算方法。

上回转塔机的金属结构主要包括：底架、塔身、回转下支座、回转上支座、工作平台、回转塔身、起重臂、平衡臂、塔顶、驾驶室、变幅小车等部件。但自升式塔机还要加爬升套架、内爬式塔机还要加爬升装置，行走式塔机要增加行走台车，附着式塔机要加附着架。这些增加的装置大多也以金属结构为主。图 2-1 为一台既有顶升、又有行走台车的上回转塔机，可以作为典型的构造示意图。

1. 底架（见图 2-2）

底架一般由十字底梁、基础节、底节及四根撑杆组成。十字底梁由一跟整梁和两根半梁用螺栓连接而成。这样的构造可以使塔机的倾翻线外移，增加稳定性、减少压重。也便于增加行走台车。基础节位于十字底梁的中心位置，用高强螺栓与十字底梁连接。基础节内可装电源总开关，其外侧可放置压重。底节位于基础节上，用高强螺栓与基础节相连。其四角主弦杆上布置有可拆卸的撑杆耳座。四根撑杆为两端焊有连接耳板的无缝钢管，上、下连接耳板用销轴分别与底节和十字底梁四角的耳板相连。当塔身传来的弯矩到达底节时，撑杆可以分担相当一部分力矩，可以减少底节的倾斜变位。这种底架构造合理，装拆和运输都很方便。固定式塔机的底梁用地脚螺栓固定在地基上，中间有支点，受力条件好，故可以作得小些；而行走式塔机的底梁仅在行走台车的顶部有支撑，中间没有支点，受的弯矩较大，故必须做得大一些。底梁的设计必须经过认真计算。

2. 塔身

上回转塔机的塔身，通常由多个标准节组成。所谓标准节，就是一段长、宽、高都统一的塔身，这样便于用工装制作，具有互换性。但由于塔身上、下受的风力矩、倾斜力矩、水平拉

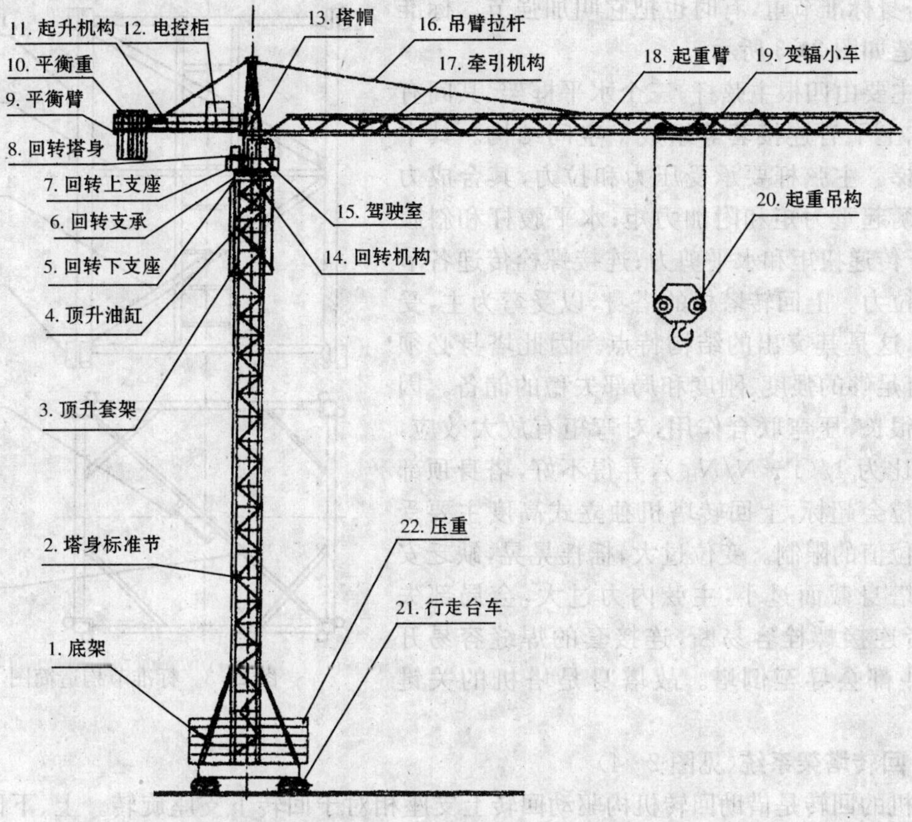

图 2-1　行走式塔机

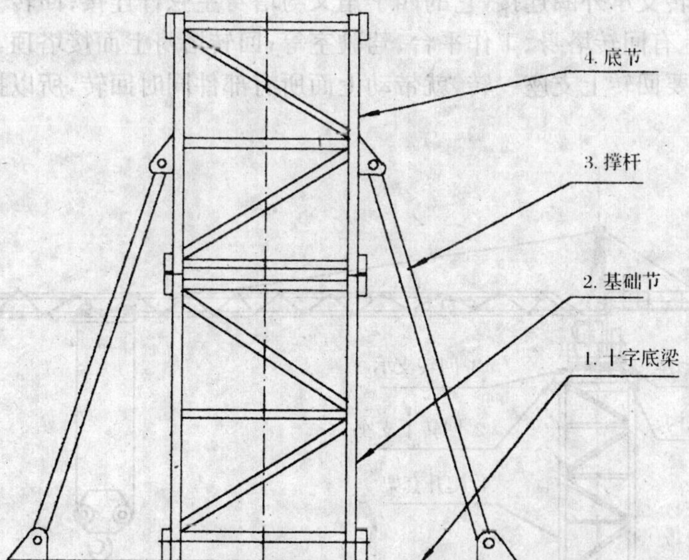

图 2-2　底架

力矩不一样，压力也不一样，所以有上塔身标准节和下塔身标准节之分。一般上塔身标准节轻、下塔身标准节重，有时也把它叫加强节。标准节的构造如图2-3所示。

它主要由四根主弦杆、三个水平框架、其间有斜腹杆、上下有连接套等组成一空间结构。其中间有爬梯。主弦杆要承受压力和拉力，其合成力矩来平衡起重力矩和附加力矩；水平腹杆和斜腹杆，用于传递扭矩和水平剪力；连接螺栓传递各节之间的拉力。上回转塔机的塔身，以受弯为主，受压为辅，这是其突出的结构特点。因此塔身必须结实，有足够的强度、刚度和局部失稳的储备。因为塔身很长，压弯联合作用，对弯矩有放大效应，其放大比为 $1/(1-N/N_{cR})$，弄得不好，塔身顶部水平变位会超标，上回转塔机独立式高度主要受这个变位值的限制。变位过大，摇摇晃晃，缺乏安全感。塔身截面过小，主弦内力过大，会局部失稳，或者连接螺栓容易断，连接套的焊缝容易开裂，这些都会导至倒塔。故塔身是塔机的关键部件。

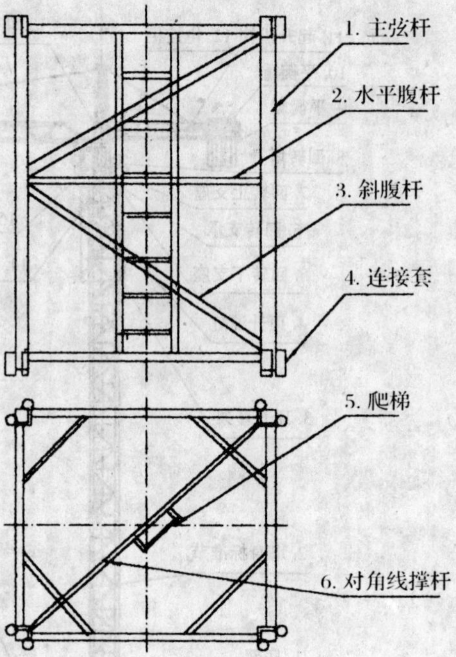

图2-3　标准节构造简图

3. 回转塔架系统(见图2-4)

塔机的回转是借助回转机构驱动回转上支座相对于回转下支座旋转。上、下回转支座之间有回转支承，它实际上是一个大轴承，能承受压力和弯矩，把滑动摩擦变为滚动摩擦。回转下支座与回转支承外圈连接，它的四个角又与塔身主弦杆连接；回转上支座与回转支承的内圈连接，其上有回转塔身、工作平台、驾驶室等；回转塔身上面接塔顶，前面是起重臂，后面是平衡臂。只要回转上支座一转，就带动上面所有部件同时回转，所以把这些部件合称为回转塔架系统。

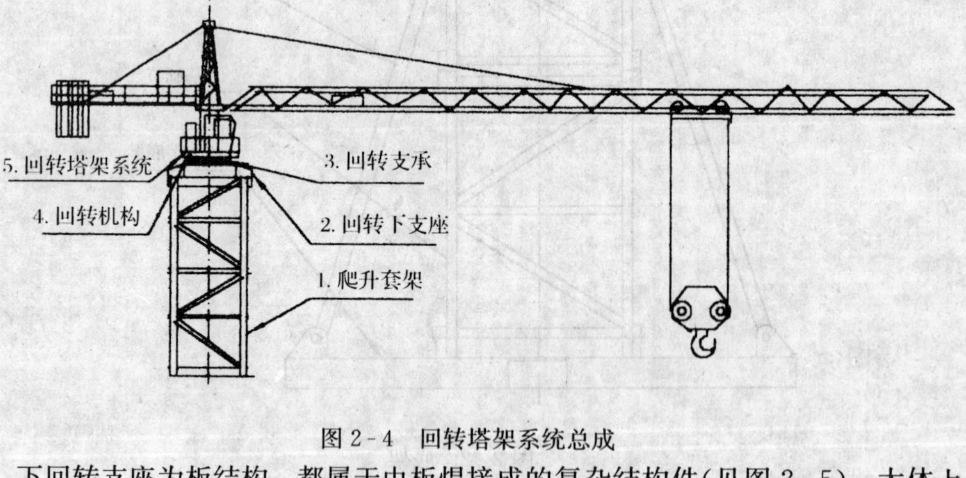

图2-4　回转塔架系统总成

上、下回转支座为板结构。都属于由板焊接成的复杂结构件(见图2-5)。大体上外方

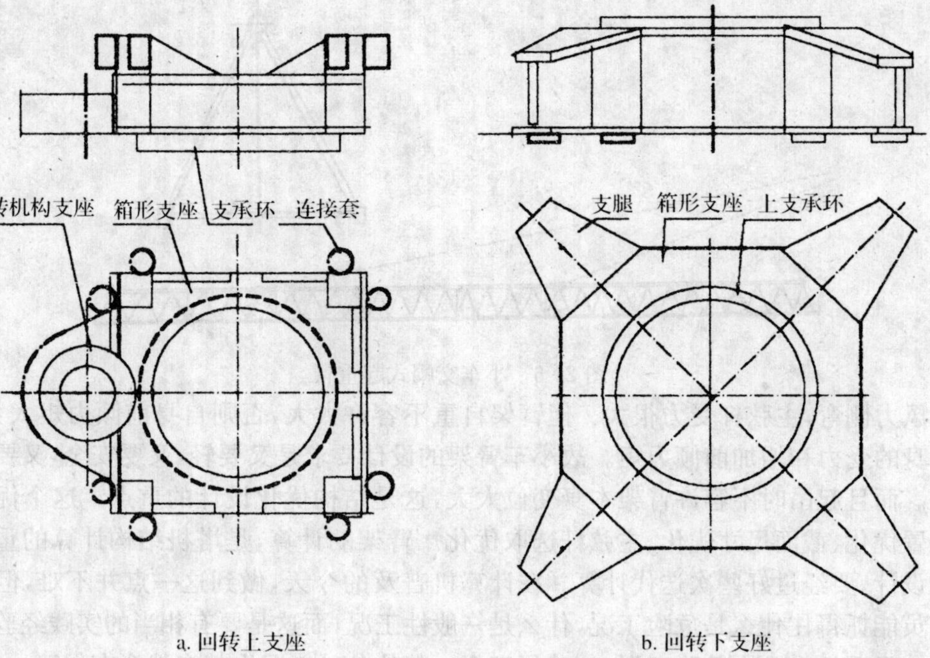

图 2-5　上下回转支座

内圆，上、下盖板承受平面拉压应力，侧板和筋板承受剪力。来自回转塔身的不平衡力矩，通过主弦杆传到回转上支座，再通过内圈连接螺栓传到回转支承，又通过外圈连接螺栓传到回转下支座，最后通过主弦杆的连接螺栓传到塔身底部。上、下回转支座都要求刚性好，变位要小，否则难于保持连接面的平面位置，增加回转阻力，而且会使回转塔身和塔顶的腹杆产生额外的剪力，回转塔身上弦杆会产生局部弯曲，在交变状态下易发生疲劳破坏，这也是很危险的倒塔因素，要引起高度注意。

回转塔身和塔顶，都是桁架式构件，通过它们把起重力矩和平衡力矩传到回转上支座。这两个力矩合成后的差叫不平衡力矩。空车状态，不平衡力矩向后倾，满载状态，不平衡力矩向前倾，所以回转塔身和塔顶受着经常交变的不平衡力矩。但它们的主弦杆内力不会受回转角度影响，这一点是与塔身受力性质不相同的。回转塔身的受力条件比塔身好，所以其截面可做得小一些。

4. 起重臂（见图 2-6）

塔式起重机的起重臂，有小车变幅式和动臂变幅式之分，但上回转塔机，大多数是小车变幅式，故这里我们只介绍小车变幅式。

小车变幅式起重臂由多节组成。为便于做工装，各节两端连接尺寸相同。去掉若干节就可组成不同的臂长。但由于起重臂受力的复杂性，各节臂是不容许交换位置的，必须按规定的顺序排列。节与节之间用销轴连接起来，拆装运输都很方便。

小车变幅起重臂的横截面为等腰三角形。上弦杆、斜腹杆和水平腹杆采用无缝钢管和角钢，两根下弦杆为槽钢或方管。因为下弦杆要兼作牵引小车的运行轨道，故其表面处于同一水平面内，侧表面应处于同一铅直面内，各节之间的阶差应小于 0.5mm，以减少小车行走的冲击。

小车式臂架随着小车位置的移动，最大起吊重量也不一样，弯矩值变化很大。加上回转

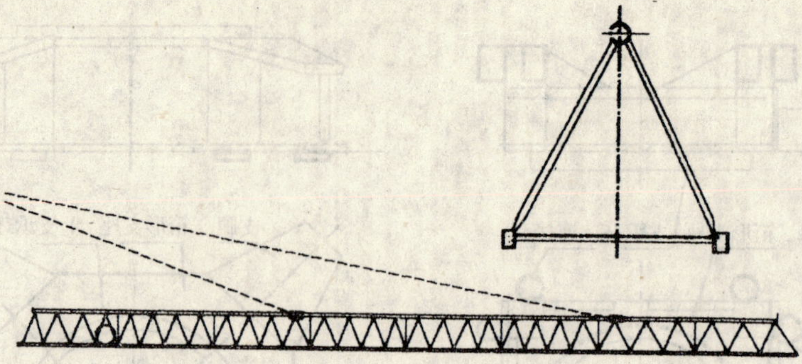

图 2-6　小车交幅式起重臂

侧弯和风力侧弯，主弦杆受力很大。但臂架自重不容许太大，否则自身前倾力矩太大，严重影响塔身的受力和增加前倾力矩。故小车臂架的设计要求是又要轻，又要安全，又要适应各种工况。而且起吊时不容许臂架本身变位太大，这是结构优化设计的重点。这个优化包含吊点位置优化、截面尺寸优化、主弦杆选取优化。臂架的计算，是塔机结构计算的重点。一个好的设计，要经过好些次迭代计算。在计算机普及的今天，做到这一点并不难，但关键是设计人员能抓得住什么是危险工况，什么是一般性工况，而这是要有相当的实践经验和理论基础的。只要抓准几个危险工况，使确保安全。其他各种工况也就自然会有保障。

5. 平衡臂(见图 2-7)

平衡臂是用来搁置平衡重、起升机构、电控柜等设施用的，它是由工字钢、槽钢、方钢管或角钢组焊而成的平面框架。其上设有走道和防护栏杆，便于人员在上面进行安装和检修作业。上回转塔机的平衡臂相对较长，约为起重臂长的 1/4 左右。全臂分为前后两节，节间用销轴连接。其根部用销轴与回转塔身相连，尾部通过平衡拉杆与塔顶相连接。平衡重搁置在尾部，起升机构也靠后方布置，电控柜靠前方。这样布置平衡效果最好，而且便于检查、维护和管理。

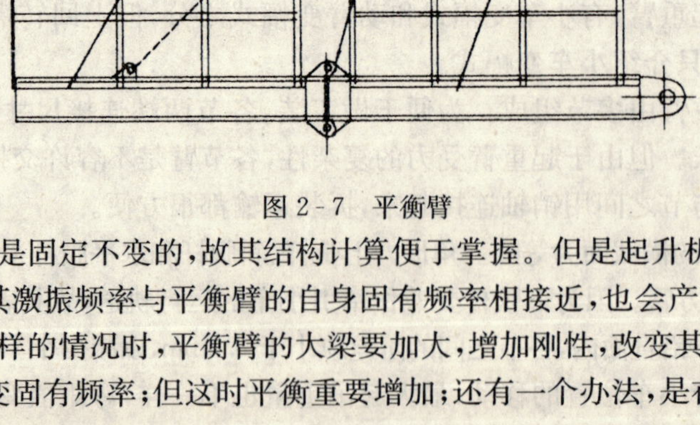

图 2-7　平衡臂

平衡臂的载荷是固定不变的，故其结构计算便于掌握。但是起升机构的运转是一个动载荷激振源，如果其激振频率与平衡臂的自身固有频率相接近，也会产生共振，使塔机工作不平稳。当遇到这样的情况时，平衡臂的大梁要加大，增加刚性，改变其固有频率；或缩短平衡臂长度，也可改变固有频率；但这时平衡重要增加；还有一个办法，是在一节臂也设置一个辅助的拉杆支点，平衡拉杆在中间分叉，总拉杆在分拉杆夹角平分线上，形成稳定的双吊点平衡拉杆（见图 2-7 的虚线）。这种方法对改变系统固有频率最有效。

6. 顶升套架（见图 2-8）

上回转自升式塔机一定要有顶升套架。顶升套架分外套架和内套架两种形式。一般整体标准节都用外套架，片式塔身顶升用内套架。但有的片式塔身到工地后，先装成整体标准节后，再顶升加节，也用外套架。故我们这里只介绍外套架，因为它最典型，最有代表性。

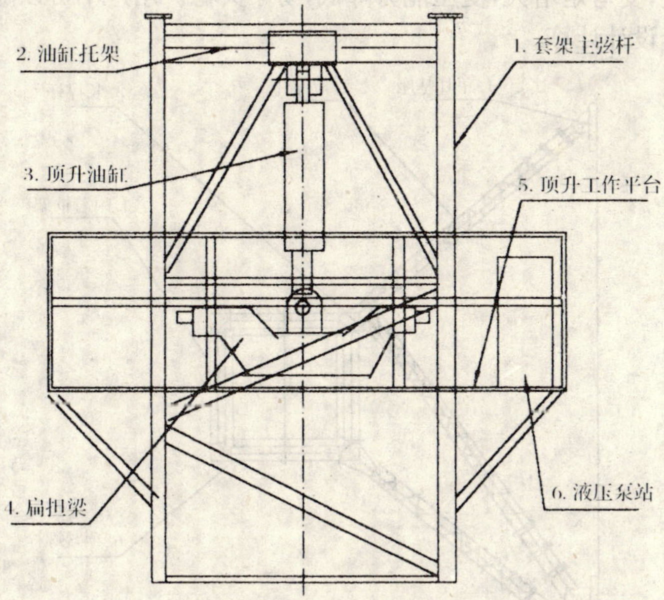

图 2-8 顶升套架

顶升系统主要由顶升套架、顶升作业平台和液压顶升装置组成，用来完成加高的顶升加节工作。能顶升加节是自升式塔机最大特点，这就是它能适应不同高度建筑物的主要原因。在我国自升式塔机占了绝对优势。

外套架式就是套架本体套在塔身的外部。套架本体是一个空间桁架结构，其内侧布置有 16 个滚轮或滑板，顶升时滚轮或滑板沿塔身的主弦杆外侧移动，起导向支承作用。

套架的上端用螺栓与回转下支座的外伸腿相连接。其前方的上半部没有焊腹杆，而是引入门框，因此其主弦必须作特殊的加强，以防止侧向局部失稳。门框内装有两根引入导轨，以便于塔身标准节的引入。顶升油缸吊装于套架后方的横梁上，下端活塞杆端有顶升扁担梁，通过扁担梁把压力传到塔身的主弦爬爪（也叫踏步）上，实现顶升作业。液压泵站固定在套架的工作平台上。操作人员在平台上操作顶升液压系统，进行作业，引入标准节和紧固塔身的连接螺栓。

顶升作业时，通过调整小车位置或吊起一个标准接作配重的方法，尽量做到上部顶升部分的重心落在靠近油缸中心线位置，这样上面的附加力矩小，作业最安全。臂架一定要回转制动，不许风力使其回转。最忌讳的是套架前主弦压力过大，可能产生侧向局部失稳，这是很危险的，易于引发倒塔事故。顶升系统设计时还一个重要注意事项，如果活塞杆端用球铰，一定要设置防止扁担梁外翻的装置。因为外翻可使扁担梁受到很大侧向弯矩，促使扁担梁变形过大而脱出爬爪槽，这也同样会引发倒塔事故。

7. 附着装置（见图 2-9）

附着装置是由一套附着框架、四套顶杆和三根撑杆组成，通过它们将起重机塔身的中间节段锚固在建筑物上，以增加塔身的刚度和整体稳定性。撑杆的长度可以调整，以满足塔身中心线到建筑物的距离限制。通常这个距离以 3.5～5m 设计，但在很多工地受裙楼或别的障碍限制，这个距离太近了做不到，就要加大附着距离，有的达到十几米远。这时附着架受力性质有很大改变，受弯矩增大，受压能力降低，易于失稳。用户不可以随便打附着架，一定要请专业人员另行设计计算。

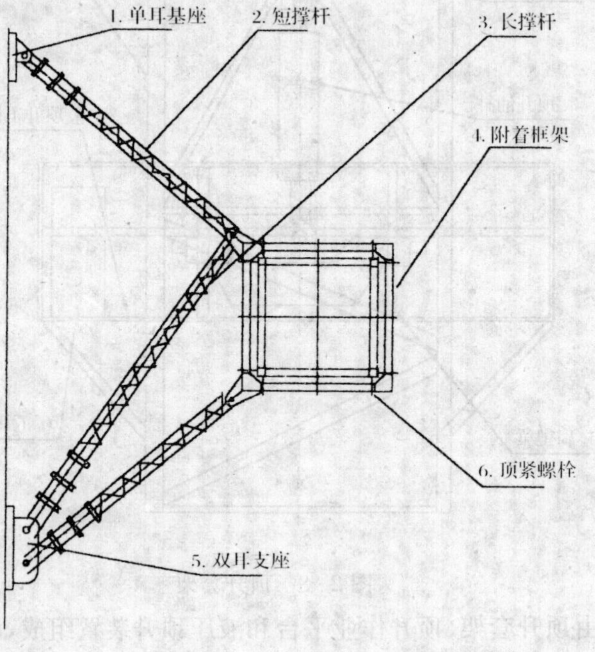

图 2-9 附着装置

第二节 下回转塔式起重机的构造及特点

下回转塔式起重机的回转支承在塔身的下边，相应地上、下回转支座都移到下边，那么回转机构、平衡臂、起升机构、电控柜都随之移到下边，只有小车变幅机构仍然在臂架内，没有下移。下回转塔机的这一突出特点使它便于检查、维护、管理和更换零部件，而且重心下移，稳定性好。固定式的下回转塔机，由于顶端没有不平衡力矩，很难发生倒塔，是一种安全型塔机。在下回转塔机这一大类型中，又可分出下回转快装式、下回转自装式、下回转他装式、下回转小车臂架式和下回转动臂式等品种。尽管其品种型号可以多种多样，但其基本构造大体相同。整台的下回转塔机仍然主要由金属结构、工作机构、电气控制系统和安全保护装置组成。某些快装式塔机还有液压起扳系统，整体拖运的还有拖运台车，行走式塔机同样有驱动台车。下回转塔机与上回转塔机的主要区别在于整机的布局和金属结构不一样，工作机构、电控系统和安全保护装置相差不大。下面我们着重介绍小车臂架式下回转塔机的金属结构及其特点。而其他组成部分留在后面章节与上回转塔机一并介绍。

下回转塔机的金属结构主要包括：底座、回转下支座、回转支承、回转上支座、平衡臂、平衡拉杆（或拉索）、塔身、顶架、起重臂、竖直撑架、水平撑架、连接拉杆、起重臂拉杆、变幅小车等部件。为便于对照，我们还是用图 1-2 所示的固定拼装式下回转塔机作典型样机，对金属结构部件作分别介绍。

1. 底座（见图 2-10）

固定式底座由十字底梁、支架及四根撑杆组成。与上回转塔机类似，十字底梁同样由一根整梁和两根半梁用螺栓连接而成。这样的构造可以使塔机倾翻线外移，增加稳定性。要加行走台车也方便。与上回转所不同的是，下回转底座很低，不需要再加节。其四根撑杆直接撑在支架主弦与底梁之间，形成一个刚性很好的支承基础。底座用地脚螺栓固定在混凝土基础上，不必再加压重。由于底座很低，虽然它承受着由回转下支座传来的不平衡力矩，但变位很小，这对防止塔身的倾斜很有利。

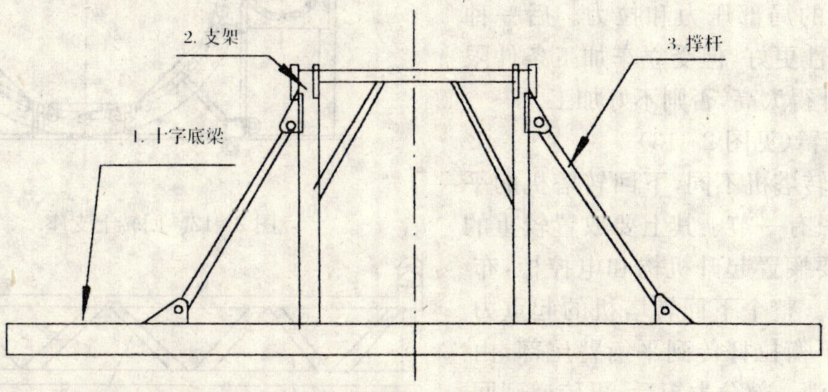

图 2-10　下回转塔机底座

整体拖运快装式下回转塔机都是活动式底座，也叫水母式底座。它有四条悬臂伸出式的活动支腿。正是这样它的组成要复杂多了，成本要高得多，在这里不准备多介绍。

2. 回转下支座（见图 2-11）

下回转塔机的回转下支座直接装在底座顶面，用连接螺栓与底座支架的四根主弦杆相连。它是一个由板焊接而成的复杂结构件，外方内圆。上下盖板之间布置有筋板，上盖板与回转支承外圈处有加强环，以保证贴合紧密。由于下回转塔机不需要顶升，故回转下支座不需要设置与套架连接的伸出腿，这就简化了结构，有利于降低成本。

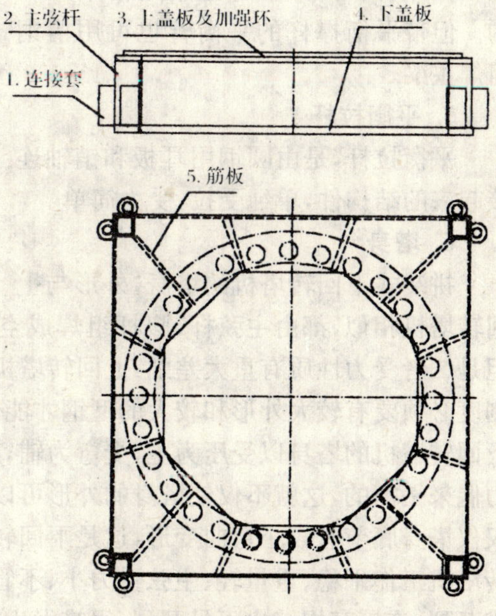

图 2-11　回转下支座

3. 回转上支座（见图 2-12）

下回转塔机的回转上支座顶面连接塔身，后边有回转机构，并有伸出耳板直接与平衡臂相连，所以是一由板件焊接而成的重要的复杂构件。由平衡臂上传来的力矩，有两种方式传到回转上支座：一种是通过平衡撑杆，把力传到塔身底节，再传到回转上支座顶面，平衡臂与回转上支座之间是销轴铰接方式。这种回转上支座可以做得简单一点，靠主弦杆传递弯矩；另一种是平衡臂与回转上支座之间是双销轴固定端连接，平衡臂实际上成了悬臂梁。没有平衡撑杆，根部有一个很大弯矩从侧面传给回转上支座。这种情况下，回转上支座必须做得厚，主弦必须很结实，要承受平衡臂传来的局部压力和拉力。后一种机构形式刚性更好，但受立车加工条件限制，不能设计得太高，否则不好加工。

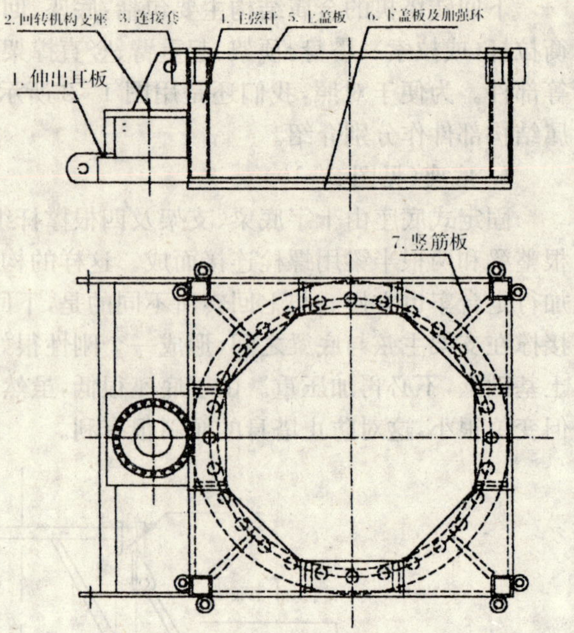

图 2-12　回转上支座

4. 平衡臂(见图 2-13)

与上回转塔机不同，下回转塔机的平衡臂很短，只有一节。其上要放置较重的平衡重，又要搁置起升机构和电控柜，布置相当紧张。整个下回转塔机的起重力矩，是通过平衡拉杆传到平衡臂尾部，由平衡重等抵消一部分力矩后，再传递到回转上支座。所以下回转塔机平衡臂受弯矩较大，刚性要好，最好主梁用桁架式结构。但带平衡撑杆的平衡臂也可用槽钢组焊主梁。

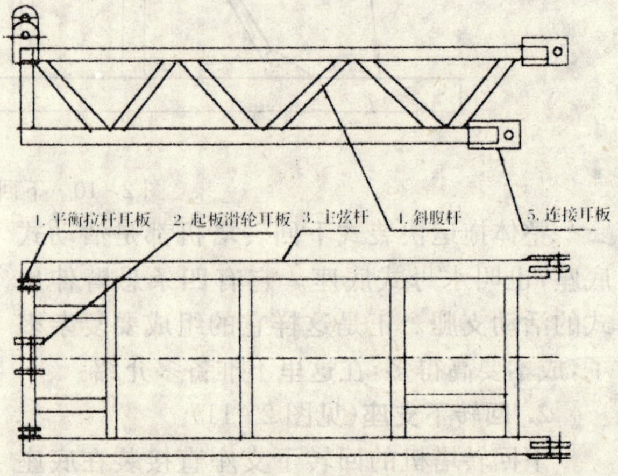

图 2-13　下回转桁架式平衡臂

5. 平衡拉杆

平衡拉杆，是由圆钢用耳板和销轴连接起来的结构件，单纯受拉，受力简单

6. 塔身

拼装式下回转塔机的塔身，外形与上回转塔机相似，都由主弦杆、腹杆组焊成空间桁架结构式的标准节，再用连接螺栓连起来。但是二者受力性质有重大差别：上回转塔机塔身，以受弯为主，受压为辅，因此塔身的强度、刚度必须要有较大外形和较大的型钢才能保证，否则顶端水平位移超标，不能平稳工作；而下回转塔机的塔身以受压为主，受弯为辅，起重力矩是由平衡拉杆的拉力与塔身的压力形成力偶来平衡的，这就不仅使塔身的外形可以减少，而且主弦内力也大大减小，顶部变位很小，仅仅塔身底节有较小弯曲变形，这是下回转塔机结构上的突出优点。正是这一优点，使下回转塔机工作平稳、重量轻、主弦受力小、不管怎么回转交变应力很小、连接螺栓受力很小、很难断裂，连接套焊缝也不易开裂，很难发生倒塔，安全度比上回转塔机高得多。相对于上回转塔机而言，这是一种安全型塔机。

整体拖运快装式塔机的塔身，其受力性质也是以受压为主，受弯为辅。其连接方式有铰接式、内外嵌套顶升式，还有下顶升加节式。不管哪一种，因为其底架不固定，其塔身高度都不能接得很高，而构造又复杂，成本高，不便于在我国大面积推广应用。

7. 顶架系统（见图 2 - 14）

顶架系统包括顶架、竖直撑架、水平撑架和连接拉杆。其作用是把吊臂拉杆力传到平衡拉杆上去。所有这些构件都是铰销连接，所有撑杆和拉杆都是二力构件，只传递拉压力，不传递弯矩。所要控制的只是拉杆的强度和压杆的临界压力，这是很容易作到的。正是依靠这样一个活动的顶架系统，在安装时可以起扳臂架，而且在必要时可以缩短平衡拉杆，以实现 30°仰臂工作，增加塔机的工作高度。

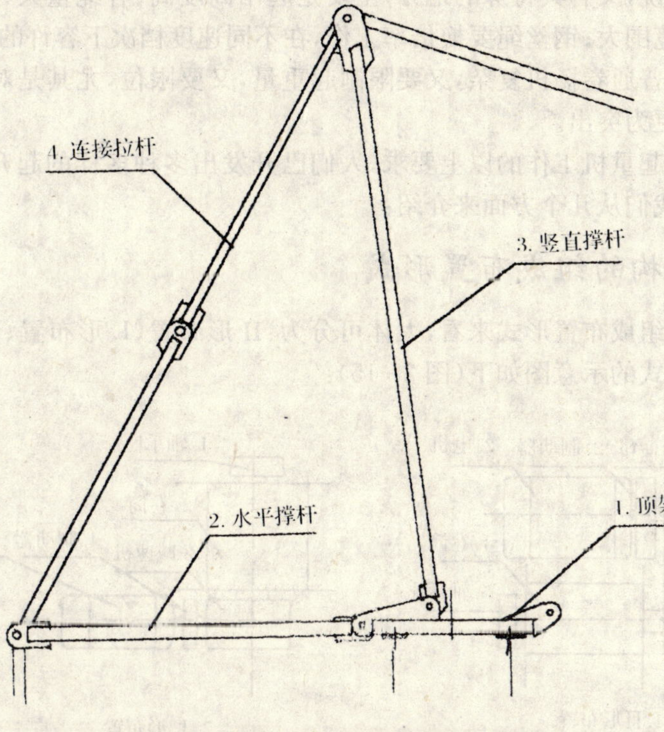

图 2 - 14　顶架系统

8. 起重臂、起重臂拉杆和变幅小车

下回转固定拼装式塔机，其起重臂、起重臂拉杆和变幅小车与上回转塔机没什么区别，也是由多节拼装起来，受力性能也一样。但要指出：对于双吊点长臂架，上回转塔机常用的静不定双拉杆，在这里不适用，原因是下回转塔机的臂架系统是几何可变的，又要考虑 30°仰臂工作，静不定拉杆在这种情况下会严重改变内力的分布，怕出危险。而中间分叉的静定的双吊点拉杆，在这里却很适用，因为吊臂仰起的角度与撑杆转动的角度差不多，不会引起分拉杆内力多大的变化，就不会出危险。

对于整体拖动快速安装下回转塔机，其臂节要折叠，组装要复杂一点。上回转塔机也有类似的可折转臂架，不能算是下回转的特点。

以上只是以固定式安装、标准节拼装的下回转塔机的结构，与上回转塔机对照作了介绍，目的在于使大家了解两类塔机的不同特点，结构受力的重大差别，便于合理选用。至于下回转塔机又细分多个品种，在这里就不再详细介绍了。

第三节　起 升 机 构

塔式起重机的工作机构包括：起升机构、回转机构、小车牵引机构、台车行走驱动机构等，但一般只涉及前面的三大机构，只有行走式塔机才有台车行走机构。

起升机构是塔式起重机功率最大的机构，调速范围广、重载下工作，因此也是塔机工作中最难控制的机构。起升机构实际上就是一台可调速的卷扬机，其功能就是起吊物品。其主要组成部分有：电机、变速箱、制动器、卷筒、底架、轴承座和安全装置等。塔机起升机构相对于普通卷扬机来说，又有其特殊的地方，主要是起吊高度高、容绳量大、起升速度快、又要有慢就位、固调速范围大；钢丝绳要换倍率工作，在不同速度档次下容许的起重量不一样，所以安全保护装置比普通卷扬机复杂，又要限制起重量，又要限位，尤其是对上回转自升式塔机，以上特殊要求更为突出。

为了满足塔式起重机工作的以上要求，人们已开发出多种多样的起升机构。每种型式各有其特点，下面我们从几个方面来介绍：

一、起升机构的组成布置形式

从起升机构的组成布置形式来看，大体可分为：Π 形布置、L 形布置、U 形布置、一字形布置。各种布置形式的示意图如下(图 2-15)：

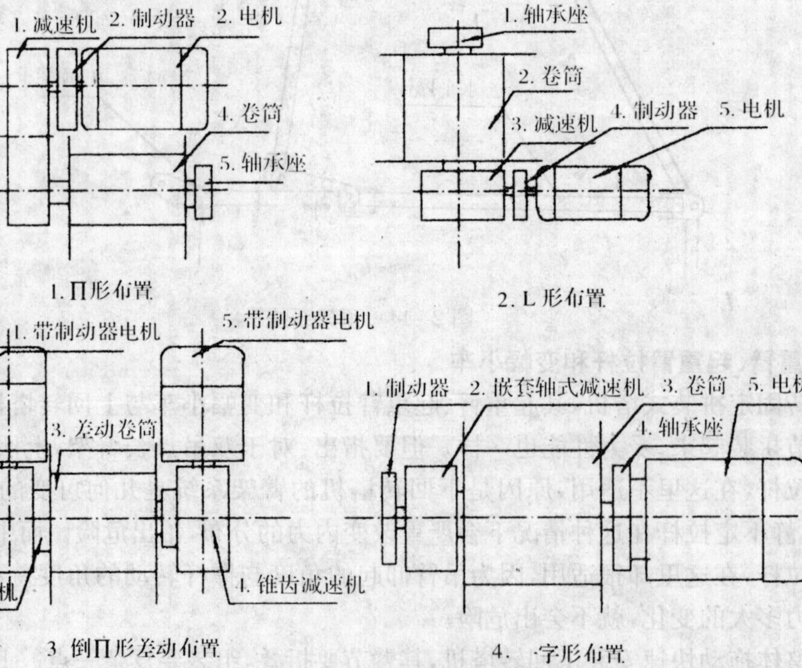

图 2-15　起升机构布置形式

1. Π 形布置

Π形布置是最传统的布置，也是使用最多的布置形式。其优点是可以使用普通的圆柱齿轮减速机，有大批量生产供货来源，成本低，到处有买。但其最大的缺点是电机与卷筒平行，减速机的中心距限制了卷筒的直径。对于小容绳量的卷扬机，还凑合可用，但对大容绳量的起升机构，卷筒只能做得小而长。这种起升机构，绕绳半经小，钢丝绳回弹力大，起升绳偏摆角大，很容易乱绳；而且绕绳半经小，钢丝绳弯曲应力大，容易发生疲劳断裂。有的钢丝绳一次断成几节，就是疲劳脆化破坏引起的。所以这种布置方式极待改进。局部改进的办法是增加中间轴，比如说用四轴减速机，将中心距拉开，或者加大减速机的型号，比如本该用ZQ500 的，却用 ZQ630。这样当然能解决一些问题，但是增加了成本，往往还达不到要求，并非最好的办法。

2. L 形布置

L 形布置的传动路线必须有 90°的折转。也就是卷筒轴线与电机轴线成 90°角。这样就避免了电机与卷筒的干涉，卷筒直径可以加大，作成大而短的卷筒，可以克服 Π 形布置的缺点。这是 L 形布置的主要优点所在。然而，L 形布置有两大缺点：一是减速机内有一对螺旋伞齿轮，正是靠它才改变传动方向。其加工成本高，一定要靠螺旋洗齿机；再是电机、制动器、减速机都在卷筒的同一侧，如要卷筒对中，单边受载比较严重，对平衡臂受载不利。

3. U 形布置

U 形布置指的是两台立式电机的轴线沿铅直方向，经过两对螺旋伞齿轮，带动水平轴旋转，该两水平轴从卷筒两端插入到卷筒内，带动行星差动减速机运动，最后由行星减速机的内齿圈带动卷筒旋转。这种起升机构的优点是结构比较对称，卷筒可以作大，再是速度档次较多，变速较平稳，可靠性好。但是它有两对螺旋伞齿轮，又有一套行星差动机构，制造要求高，装配复杂，成本较高。它适合于功率比较大的塔式起重机。

4. 一字形布置

一字形布置是由一根输入轴和输出轴相嵌套的特种减速机，电机和减速机、制动器分别布置在卷筒两端，电机的伸出轴通过传动套和连接轴带动输入轴，减速后，输出轴直接带动卷筒旋转。这种布置形式，重量比较对称，卷筒不受干涉，可以作得大而短，克服 Π 形布置的缺点。它的减速机可以是圆柱齿轮，也可以是形星轮，但要求输入输出轴一定能相嵌套，所以一定是特殊的专用减速机。由于圆柱齿轮加工并不复杂，所以成本高不了多少。故这种起升机构有发展前途。其缺点是一字形布置，总长度较长，底架长度超出平衡臂宽度。下回转塔机，平衡臂上布局很紧张，又不必设走台，故用这种起升机构非常合适。

二、起升机构的调速方式

从调速方式看，起升机构有以下几种：

1. 电磁离合器换档加带涡流制动器的单速绕线式电机起升机构

电磁离合器换档加带涡流制动器的单速绕线式电机起升机构是我国应用得较早的起升机构。它的变速靠减速机来换档改变减速比，靠涡流制动来获得慢就位速度。既然要涡流制动，只能用特性较软的绕线电机，转子串电阻，不能用特性很硬的鼠笼式电机。这种起升机构调速范围还可以，可以满足要求。但是电磁离合器使用寿命短，靠摩擦片传动不可靠，所以不敢带较大的载荷来变速，怕突然下滑出事。这就严重影响它的应用。在其它新的起升机构出来后，它就慢慢让位了。

2. 多速电机变极调速，使用普通的减速机起升机构

此起升机构应塔机行业要求，我国电机行业近些年来利用混合绕组理论，开发了多速变极电机，这为塔机行业解决了很大的问题。最有代表性的是 YZTD 多速鼠笼式电机的开发应用。这是塔机上专用的特殊电机，有双速、三速、四速，以三速应用最广泛。它的特点是起动力矩大，而冲击电流比普通电机小，主要是在转子合金铸铝上下了功夫，增加了转子电阻。这也是科研成果的推广应用。但是鼠笼式电机，仍然是特性偏硬，切换电流偏大，所以它在塔机上的应用受到功率的限制。在目前来看，YZTD 多速电机功率不宜超过 24kW，否则就不好用。

3. 双速绕线电机带涡流制动，配普通减速机起升机构

该起升机构方案是前两种方案的组合，吸收其优点，去掉其缺点。绕线电机特性较软，是优点，但单速绕线电机，变速范围不够。用电磁离合器换档不可靠，自然就会想到用混合绕组去换档，这就是双速绕线电机开发的指导思想。经过电机行业技术人员的努力，解决了一些具体的矛盾，果然成功了。双速绕线电机，换挡电流冲击小，所以其功率可以加大。双速绕线电机换档电流的冲击值，又受转子绕组阻值影响，阻值大冲击值小，这就给转子设计提出一个问题，取多大阻值既能控制切换电流，又能保证切换力矩。由于定子绕组旋转磁场的速度变化，对转子绕组的感应电势不一样，因此在不同的极数下，如何设计转子绕组的阻值就成了问题。对此有两种办法处理：一种是单滑环绕线电机，其转子绕组应用了混合绕组理论，预先埋下适当反绕线圈，增加电阻值，以调整高速下感应电势过大和电流过大，而在低速下仍然靠串外电阻来降速。这种单滑环双速绕线电机，成功地解决了切换电流过大的问题，但结构上减少了滑环数量，简化了控制系统；另一种办法是双滑环系统，不同极数下，转子各串各的电阻，而且外电阻可调，这样降低切换电流更有效，但结构复杂了，电机很长，控制系统也复杂一些。后者适用于功率较大的起升机构，比如说 45～50kW，可以应用双滑环绕线电机。

4. 电磁差动电机调速起升机构

所谓电磁差动电机起升机构，实际上是两台电机机械上串联，其中一台电机的输出轴带动另一台电机的定子绕组旋转，当第二台电机定子绕阻通电时，又产生一个旋转磁场，如果两个旋转磁场方向相同，就增速；如果两者相反就减速，最后合成的旋转磁场速度才是真正的同步转速。两套定子绕组极数不相同，总有差值，比如 6 极与 8 极，转速差不很大，就可以得到低速，实现慢就位。这种调速方式理论上是成功的，也实际应用过，但是组合出来的电机太长了，不好装配。而且成本较高，推广起来比较困难。

5. 差动减速机调速起升机构

此起升机构的差动减速机实际上是一套行星减速机构，它由输入齿轮（中心的太阳轮）、行星轮和外边的内齿圈组成（见图 2-16）。三者之中必须给定两个参量，才能确定第三个参量。

通常的行星轮减速，是太阳轮转速由电机确定，外边的内齿圈不动，也就是转速为零，这样输出轴转速就是行星轮的公转速度。如果我们不固定外边的内齿圈，而把它与卷筒相连，而把行星轮的公转速度由另一台电机带动，这样卷筒的速度就取决于两台电机的转速和相对的旋转方向了。同向相加，反向相减，形成差动。这样的组合就可形成多种输出速度，每

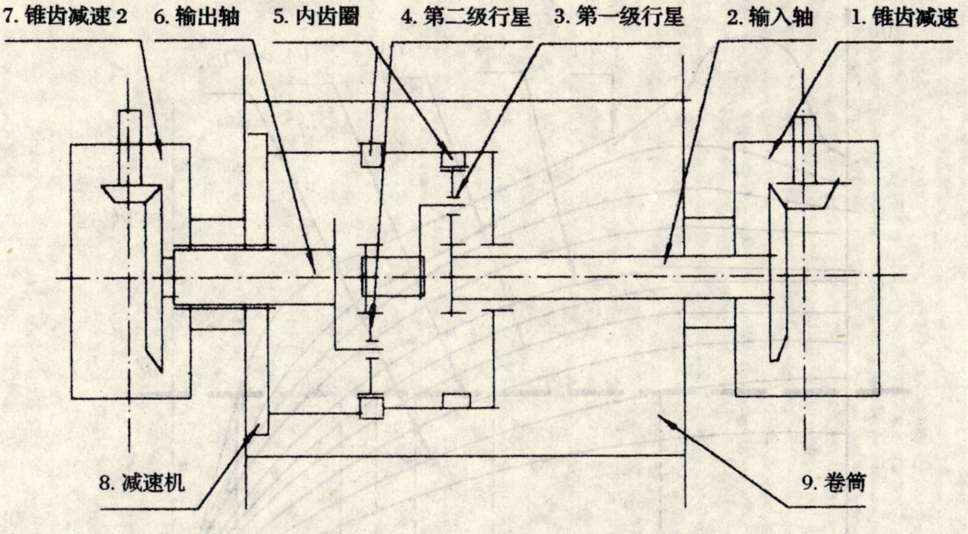

图 2-16　行星差动卷筒示意图

一台电机都可以有正、反、停三个状态与另一台电机的某个状态相配。如果再采用变极调速，速度档更多。但通常也没有必要搞这么多速度档，免得控制复杂化。差动减速机调速效果好，完全满足塔机起升机构的要求，但是其结构较复杂，成本较高，影响其推广应用。对于中大型塔机，建议采用。

6. 调压调速起升机构

我们知道，异步电机在每一个电压下都有一根 M-n 特性曲线，也就是输出力矩和速度关系的对应曲线(见图 2-17)。

当在某一外负载下，也就是 M 一定，给电机输入某个电压，就对应有一个运行转速。如此只要改变电压，也就可以调速。这就是调压调速的原理。在现代电子技术和可控硅技术发展的今天，随时改变电压是完全可能的，而且是无触点无级调压，不是老概念调压器调速。因此调压调速有一定的应用价值。甚至在电梯技术中，也有调压调速的电梯。然而值得指出：在塔式起重机中，起吊载荷往往是未知的，一旦电压低于某个起吊载荷容许的最低值后，电机一下子会从电动机状态进入反转制动状态，也就是发电机状态，重物会突然下滑，这是很危险的。为此在控制系统必须有不断的自动对比调整，由速度反馈信息来修正电压值，应立即升压，提高速度。这套系统已完成研制，并且试验成功了。然而突然下滑的威胁，使人很担心出现意外事故，所以这种起升调速方式推广起来比较困难。

7. 调频调速起升机构

交流电机旋转磁场的速度，既决定于电机定子绕组的极数，还决定于交流电的频率。频率越高，旋转得越快。$n=60f/p$ 这里 n 是旋转磁场转速，也叫同步转速，f 是交流电频率，p 为极对数(2 个极为一对)。因此改变交流电的频率，也就可以改变速度，这就是调频调速的原理。变频调速，不需要在变速中切换绕组，所以是最平稳的调速，对电网冲击很小。是最好的交流调速方案。但是，我们所用的工业用电，频率都是 50Hz，也就是工频。怎么去改变频率呢？在过去，这就是很难解决的问题。然而在电子技术和可控硅技术发展的今天，这就完全成为可能了。所谓可控硅，这是可以控制的半导体元件，用指令叫通就通，叫停就停。既是这样，我们就可用可控硅先把工频交流电整成直流电，再把直流电按我们的需要整成不

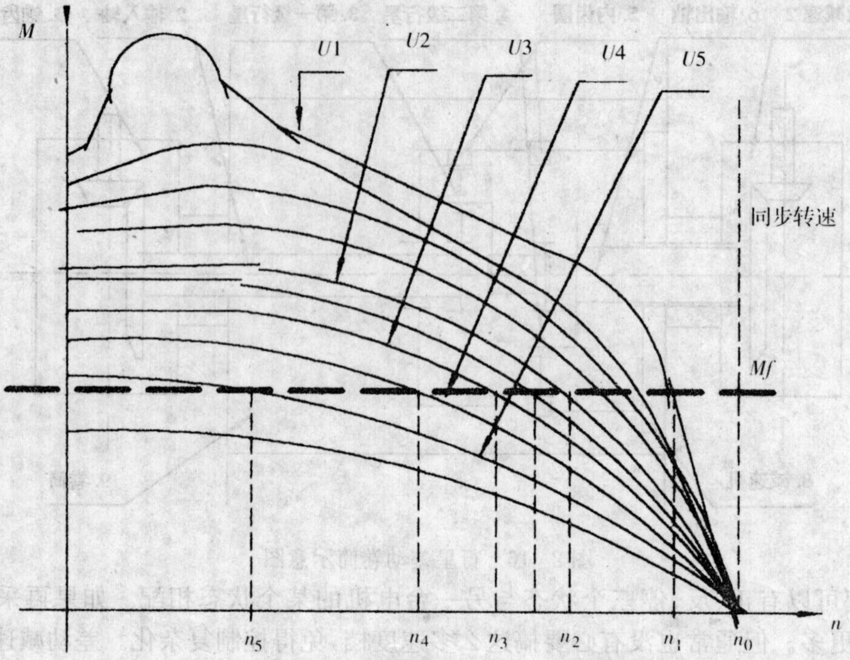

图 2-17　不同电压下 M-n 曲线

同频率的交流电，这就是变频器。说起来简单，可作起来就会遇到许多问题。首先是变频器技术难于过关，现在主要依赖进口，价格较高；其次是当重物下滑时，电机进入发电机状态，发出的电不是工频，不能返回电网。怎么办呢？只好把这一部分电能消耗掉，变成热能，这叫能耗变频方式，那就要加无感电阻，这又是一个体积较大的装置，又要增加成本。还有一个办法是再加一个变频器，把发出的电变为工频，返回电网，这叫可逆式变频调速。可逆式变频是最高级的无级调速方法，又能节能，但是要两套变频器，成本更高。只有大塔机才装这种设备。变频调速还要解决一个问题，是要有变频电机。变频电机与普通电机的差别是，变频电机要在高频和低频下工作，高频感抗压降增大，低频感抗阻值太小，这都会影响电流与电压的相位差，影响电机的功率因素。所以变频电机要尽量降低这种影响，否则效率上不去。

上面介绍的各种起升机构，各有特点。总的来说一分钱一分货，适用不同挡次的塔机。大塔机可选高级一点，小塔机选低一点的。像不顶升加高的塔机，特别是下回转塔机，没有必要把调速范围搞得太大，因为高度不大，速度太高没有多大的意义，减小调速范围可以降低成本。

三、起升机构的制动器

起升机构的制动器要求可靠耐用，因为制动性能的好坏直接影响安全和就位的准确性。我国现有的起升卷扬机，大体有以下几种制动方式：

1. 电磁抱闸（也叫电磁铁制动器）

它是由弹簧力锁紧闸瓦，抱住制动轮。电磁线圈通电，弹簧压缩，松开闸瓦，让电机旋转。这种制动器是用得最广，也是卷扬机上用得最多的制动器。但是随着起重量的加大，它已经适应不了要求，可靠性降低，塔机上已用得不多。

2. 液力推杆制动器

液力推动杆制动器是用一个很小的电液泵带动一推杆来压缩弹簧，代替上面所述电磁铁的作用，以松开闸瓦，其它部分还是抱闸结构。但是它的力量和行程比电磁铁大，所以适应范围大，现在塔机起升机构上，这种液力推杆制动器应用最多，工作可靠。

3. 盘式制动器

盘式制动器是一种由电磁铁控制的圆盘形端面摩擦制动器，常常装在电动机的尾部，不再要制动轮。它结构紧凑，但是制动力矩小，而且易于磨损，在垂直提升的起升机构上往往不适用，容易打滑。用在水平移动的牵引机构上尚可。

4. 锥形转子电机制动器

锥形转子电机制动器是锥形转子电机特有的功能，其尾部带有一个梯形截面的制动盘。当断电时，靠弹簧力推动转子轴向移动，梯形盘斜边锥面产生制动；当通电时，电机电磁力自动压缩弹簧，使制动盘离开制动面，解除制动。它不需要另加电磁线圈，而且制动力矩比平面的盘式制动器好。小的起升机构，或用蜗轮蜗杆减速机的卷扬机构，都可采用此电机。

四、起升机构的联轴器

在起升机构上，有输入联轴器和输出联轴器两种不同型式，分别接在减速机的输入轴和输出轴上。

1. 输入联轴器

输入联轴器转速高，传递的力矩较小，但起动时常受冲击，所以也必须有足够的强度。通常用的有弹性柱销式联轴器，这种联轴器简单，用得也多，但出毛病也多，主要是弹性橡胶圈很易损坏；在起升机构里现在用得较多的是梅花形联轴器，它是由两个联轴节里嵌入尼龙作的一个梅花形传动块，即能受冲击，也没有多大的声响，是取代弹性联轴器的一个好的传动件。

2. 输出联轴器

输出联轴器转速低，传动的力矩大。在起升机构里常用的有齿轮联轴器，它是由内外齿轮相嵌套来传递力矩，又能略微调节轴线方位角，它的应用较普遍。另一种是十字滑块联轴器，它是在两个联轴节之间加一个盘式十字滑块，既传递力矩，又吸收微小的不同心。这种联轴节在老式起升卷扬机中用得多，但现在慢慢用得少了。对于小功率卷扬机，也有直接由轴孔相套，平键或花键传力输出的，就不必再加输出联轴器。但是对卷筒另一端轴承座的调整要求较高，需要细心装配。

五、起升机构的选择计算

从应用的角度出发，这里只介绍选择或验算起升机构的简要计算，而不是设计起升机构的计算。

1. 起升速度的计算

一台起升机构，电机极数应是已知的，那么其转速也大体已知。通常取：

4 极电机	$n_电=1420r/min$
6 极电机	$n_电=960r/min$
8 极电机	$n_电=720r/min$

尽管可能与实际转速有差别，但已经是无关要紧的事。速度值不是关键参数。

设减速机减速比为 i，则： $n_{筒} = n_{电}/i$ (2-1)

$$v_{绳} = n_{筒} \cdot \pi \cdot D_{平均} \quad (2-2)$$

因为钢丝绳缠绕层数不同，所以 $V_{绳}$ 是个变化值，故要取 $D_{平均}$ 来计算平均绳速。一般取：

$$D_{平均} = D_{底} + 5 \cdot d_{绳} \quad (2-3)$$

设塔机提升装置的倍率为 a，则：

$$V_{升} = V_{绳}/a = n_{电} \cdot \pi D_{平均}/(i \cdot a) \quad (2-4)$$

2. 起升机构电机功率的验算

一台塔机，电机功率在设计选型时就选定了。作为用户，在起吊中必须保证不要超负荷使用。在特殊情况下，大体容许能吊多重，应做到心中有数。并不是能吊起来的作业就是安全作业。许多工地常常因一次特殊作业而损坏塔机，或者出安全事故。

起升机构按下式进行静功率计算：

$$N_{静} = (Q+q)V_{升}/(6120 \times \eta)(\text{kW}) \quad (2-5)$$

式中 Q——额定起重量(kg)；

q——吊具自重(kg)；

η——综合效率，对一般齿轮减速机取 0.82～0.85

但是真正选用的电机功率不要这么大，原因是塔机起升机构不是长时间使用，而是断续使用，这种间歇时间有利于散热。故持续率折减系数 K_{JC}

$$N_{额} = K_{JC} \cdot N_{静} \quad (2-6)$$

这个 K_{JC} 与选定的持续率 JC 有关。一般对绕线电机：

JC=15%～25%　　K_{JC}=0.7～0.75

JC=40%～60%　　K_{JC}=0.8～0.9

对鼠笼式电机，由于起动电流大，起动频繁，对散热很不利。故鼠笼电机的 K_{JC} 值宜取得高一些。JC=40%以上时，就取 K_{JC}=0.95～1.0。

从上面的计算我们可以看出：在电机功率一定的条件下，起重量 Q 与起升速度 $V_{升}$ 成反比。在起升机构变极调速时，通常 4/8 极或 4/6 极的功率选成一个值，比如说都是 24kW，那么 4 极下的起重量要比 8 极下低一半。所以中速下吊起来的重物，在高速下不一定吊得起来。吊不起来就会往下滑，这时你不必太急，再打回中速就可以了。凡中速档吊不起来的东西，就往低速档打，千万别往高速档打。有人就凭感性认识，发现中速档有下滑现象，以为打到高速，会转得快一些就不下滑了，结果适得其反，溜车更快了，最后导致事故。这是作为驾驶员必须掌握的知识。

3. 关于低速档下通电时间的限制

起升机构最怕低速档下烧电机。为什么低速档下容易烧电机呢？原因有两方面：其一是低速档下电机转速慢，自带风扇没力量，散热条件差；其二是低速挡功率因数低，相对发热要有所增加。尤其是双速绕线带涡流制动的电机，它的低速是涡流制动器强行拉下来的，所以电机处于高负荷大电流下工作，发热更为严重。正因为这样，塔机起升时严禁连续使用低速档。一般低速挡单次连续运行不得超过 40 秒，10 分钟内多次运行累计时间不得超过 1.5 分种。由于缺乏实用知识，不懂得为什么低速档要限时间，烧坏的电机较多。有的驾驶员以为低速挡最平稳、最安全，不想轻易打入中速或高速，特别是基础施工，起升高度不大时，就只用低速档，这是很错误的概念和作法。为了防止低速档烧电机，有的电机加了强制通风或预埋了散热敏元件，但这要增加成本、增加控制线路。所以还是要对操作人员加强培训，才是最好的解决办法。

4. 制动力矩的选择计算

塔式起重机的制动器，一般不许随便代用，其选择是要经过验算的。一般计算方法为：

作用在电动机轴上的静力矩为：

$$M_{电静} = (Q + q) \cdot D_{平均}/(2 \cdot a \cdot i \cdot \eta) \quad (\mathrm{kg \cdot m}) \qquad (2-7)$$

或者直接按电功率计算电机轴的输出力矩

$$M_{电} = 975 \cdot N(\mathrm{kW})/n_{电}(\mathrm{kg \cdot m}) \qquad (2-8)$$

制动器的制动力矩应大于 $M_{电}$：

$$M_{制动} \geqslant K_{制} \cdot M_{电} \qquad (2-9)$$

其中 $K_{制}$ 取 1.5～2.0，工作级别越大，取值也越大，一般取 1.75 即可。对盘式制动器，这个 $K_{制}$ 值还要加大，建议取 3。

第四节 回转机构

塔式起重机是靠起重臂回转来保障其工作覆盖面的。回转运动的产生是通过上、下回转支座分别装在回转支承的内外圈上，并由回转机构驱动小齿轮，小齿轮与回转支承的大齿圈啮合，带动回转上支座相对于下支座运动。

回转支承相当一个既承受正压力，又承受弯矩的大平面轴承，由专用制造厂生产。每种回转支承承受正压力和力矩的能力，都有图表可查，当然设计时要留足够的安全系数。而回转机构是要提供足够的动力，推动回转上支座及其以上所有组成零部件进行回转。由于塔机回转惯性很大，回转起、制动时往往会有惯性冲击。为了保证回转平稳，回转机构工作特性要软，回转加速度一定要小。通常回转机构由回转电动机、液力偶合器、回转制动器、回转减速机和小齿轮等组成。大体构造参见图 2-18。本节我们着重介绍回转机构：

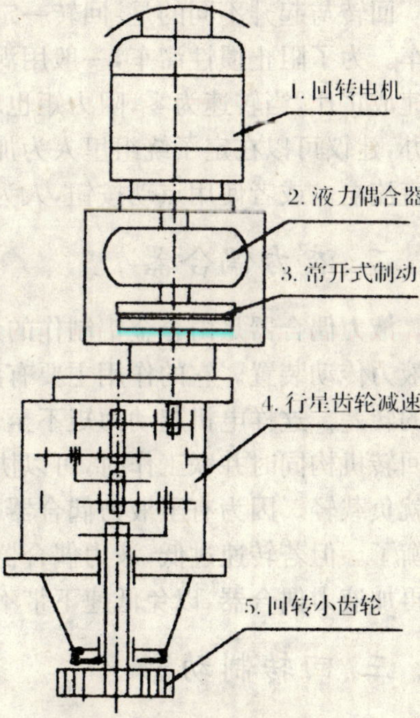

图 2-18　回转机构示意图

一、回转电机和调速性能

现代塔机的回转调速，主要就靠电机调速。至今为止，回转电机调速的办法大体有以下几种方式：

1. 多速鼠笼电机变极调速方式

这种方式早期的小塔机用得较多，用得尚可。它成本低，操作也简单。但是鼠笼式电机特性太硬，起动力矩大，故起动和换档时加速度大，难免没有突然抖动。所以必须靠液力偶合器来缓冲。

2. 绕线式电机串电阻调速方式(大一点的塔机还加上涡流制动器)

这种调速方式是目前我国应用最广泛的回转调速方式。特性较软、冲击也较小、调速范围较大,但成本比鼠笼式要高。小塔机可不加涡流制动器,也还可用,以降低成本。但不加涡流制动器的回转机构,停车时惯性溜车时间较长,这是缺点。

3. 电磁滑差无级调速方式

电磁滑差无级调速由鼠笼电机带动一个电磁滑差机构的铁芯旋转,其内有一个直流线圈产生一个定向磁场,铁芯切割磁力线会遇到制动阻力,改变直流电的大小,磁场变化,阻力矩也会随之改变,从而可以调整输出转速,但断电后惯性溜车难于控制,所以推广应用仍遇到一定困难。

4. 降压无级调速方式

降压调速原理在起升机构一节已介绍过,电压降低,电动机输出力矩就小,转速就降低。但要停车时,仍无法控制惯性力矩引起的溜车,所以推广应用也有困难。

5. 变频无级调速方式

起动时用低频,起动速度慢,冲击力小,一步步加大频率,回转步步加快,很少有冲击。要停车时,先一下切换到低频,但不要断电,这时惯性旋转速度会超过低频旋转磁场速度,电动机会产生发电机的制动效应,使回转机构较快停车,最后再断电。如停车时一步步打回低频,不仅没制动效果,而且可能会产生振摆,因为惯性转速与变频旋转磁场转速不相适应,电机时而处于电动机状态,时而处于发电机状态,就会振动。照理说变频调速是最好的,但处理得不好,停车效果并不会好。

回转与起升不同的是:回转一定要处理好慢性溜车问题。起升可以急刹车,回转不能急刹车。为了阻止惯性溜车,一般用涡流制动器,因为它只会产生阻力矩,而且阻力矩大小与转速成正比,当转速为零,阻力矩也就没有了。但加涡流制动器总要增加成本,对小塔机不好办,建议可以在定子绕组里人为加一个直流电,可起制动效应。而且用时间继电器定时切除直流电。或者使用点动按钮,人为控制直流电加入绕组的时间也可。

二、液力偶合器

液力偶合器是由合金铝制作的泵轮和涡轮组成,中间灌注液压油,它属于软联接动力式的液力传动装置。它的作用主要有两个方面:其一是软化传动特性,使输入和输出之间有微小的转差。这样电机起动力矩不至于一下子输入到减速机,产生过大的冲击;其二是当有两台回转机构同时并联工作时,可以协调其负载比较平衡。不至于转得快的负载很大,转得慢的就负载轻。因为有了液力偶合器,负载大的可以变得慢些,负载轻的可以变得快一点,就平衡了。但若转速过低,液力偶合器效率就很低,有时甚至不会动。所以对调频电机,就不要再加液力偶合器,以免低速下带不起来。

三、回转制动器

回转机构的制动器是常开式,也就是通电时制动。一般在回转过程中,是绝对不许使用回转制动器减速制动的,因为那样会增加塔身扭摆。只有臂架回转运动停下来之后,如果要定点下放或提升重物,又怕风力吹动臂架,就可以打回转制动。回转制动还有一个用处,就是上回转塔机顶升时，必须保证臂架在引入门的正前方，不许偏转，就要打上回转制动。但此工作完成后，一定要打开制动器。

四、回转减速机

回转减速机是回转机构的关键组成部分，它既要减速，又要承受小齿轮轴传来的集中反力，这个反力简化到减速机中心，是又弯又扭。由于塔机回转惯性冲击很大，臂架越长就越严重，故反力也大，弯矩过大容易打坏轴承，或压裂机壳，扭矩过大容易打坏齿轮。回转机构的安装要求很紧凑，所以只好用专用减速机。塔机回转速度多在 0.4～0.8r/min 的范围内，所以回转减速机减速比很大，常常是 140～280 的范围之内。这样大的减速比只能多级减速。早期采用 2 级减速的摆线针轮较多。但它受不了大的弯矩和扭矩冲击，损坏较严重，只有用到小塔机上还可以。现在的塔机，多用行星齿轮减速机，而且是多级减速，输出轴为双轴承，机座伸得较长，抗弯能力也较好，可靠性大大增加。但是有些简易塔机，为了降低成本，还有用蜗轮蜗杆减速机的。由于蜗轮蜗杆的自锁性，在不工作时它不能自由回转，就会增加额外的风载，所以这是不合适的，一般不宜再选用。

五、回转机构的选择计算

1. 回转阻力矩计算

与起升负载不同，回转负载大小并不明确。必须进行回转力矩计算。各种不同的文献，介绍的回转阻力计算方法不尽相同，而且有的计算搞得很复杂，但实际并不准确。解决回转阻力问题，首先要分清产生阻力的因素，看什么是主要因素，什么是次要因素，对主要因素多下工夫，次要因素，可以用经验估计。一般计算取：

$$M_{回} = M_{摩} + M_{斜} + M_{风} \qquad (2-10)$$

这里 $M_{摩}$ 是回转支承的摩擦阻力，有的计算中把它搞得很复杂，而且与回转支承型号或方式有关。实际上它不是主要阻力矩，可用经验估算就行了。因它与起重力矩有关，建议取：

$$M_{摩} = 0.02 \cdot M_{额} \qquad (2-11)$$

比如 40tm 塔机，取 $M_{摩}=0.02\times40=0.8$tm

$M_{斜}$ 是考虑塔机不可能完全铅直，故有附加的倾斜力矩。这只要把回转支承以上的部件的 $\sum G_iY_i$ 值，乘以经验折减系数就可。

$$M_{斜}=0.01 \cdot \sum G_iY_i \qquad (2-12)$$

比如某塔机在回转支承以上部份，$\sum G_iY_i=45$tm

$$M_{斜} = 0.01\times45 = 0.45\text{tm}$$

$M_{风}$ 是侧向风荷力矩，它由吊臂侧向风力矩，加上吊重侧向风力矩，减去平衡臂和平衡重的侧向风力矩合成。$M_{风}$ 是 $M_{回}$ 的主要因素。

$$M_{风} = M_{臂风} + M_{重风} - M_{平风} \qquad (2-13)$$

比如某 40tm 塔机，$M_{臂风}=10$tm，$M_{重风}=2.5$tm，$M_{平风}=3.5$tm，$M_{风}=10+2.5-3.5=9$tm

在结构计算中，风力系数是取得较大的，以保证结构的安全。但是在机构计算中完全没有必要取这么大，因为它没有结构上那么危险。风力系数取大了，只会增加电机功率。大量实践证明实际工作风力比结构计算风力小得多，故以上的风力矩用于机构风阻计算，必须大打折扣。一般取：

$$M_{阻} = M_{摩} + M_{斜} + (0.6 \sim 0.7)M_{风} \qquad (2-14)$$

以上边的 40tm 塔机为例：

$$M_{阻} = 0.8 + 0.45 + 0.6 \times 9 = 6.65\text{tm}$$

从上面计算实例可以看出：$M_{风}$ 比其它阻力矩大的多，故对其它的阻力矩细算意义不大，因为 $M_{风}$ 的折扣系数还是可变的，其经验值起的作用远比 $M_{摩}$ 和 $M_{斜}$ 重要。

需要说明：$M_{惯性}$ 的值本来也比较大，仅次于风荷，位居第二。但在计算 $M_{阻}$ 时，居然没有考虑 $M_{惯}$，这是为什么呢？原因是 $M_{惯}$ 只有在回转起动加速时才需要动力，在匀速运动时不消耗电机功率。而我们计算的 $M_{阻}$，正是按匀速运动状态考虑的。那么在起动时，阻力不是更大吗？为什么不按起动阻力计算？是的！如果起动时正是侧面迎风，阻力会很大。有可能起不动。但是这样机会很少，而且电机的起动力矩大于额定力矩，一般还是起动得了的。万一起不动也没什么要紧，反向回转一定能起动。只要不是正好侧面迎风起动，躲开这个位置起动总是可以的，也是很容易作到的。如果把什么阻力因素都简单地累加起来去选电机和减速机，势必加大型号规格，制作成本必然抬高。

2. 驱动电机功率的计算

回转阻力矩计算出来以后，再结合原来预定的回转速度，就可以计算驱动电机功率了：

$$N_{静} = M_{阻} \cdot n_{回} / (975 \times \eta)(\text{kW}) \qquad (2-15)$$

这里 $n_{回}$ 一般取 0.6～0.8r/min

η 为传动总效率，通常取 0.8～0.85

$M_{阻}$ 以 kg·m 为单位。例如前边的 40tm 塔机

$$N_{静} = (6.65 \times 1000 \times 0.6)/(975 \times 0.82) = 4.99\text{kW}$$

但是静态功率是长期运行功率，实际并不要这么大。回转机构的 JC 值，一般为 25%，那么休息时间较多，故 $K_{电}=0.7$ 就可以了。

$$N_{电} = K_{电} \cdot N_{静} \qquad (2-16)$$

前例 40tm 的塔机 $N_{电}=0.7\times4.99=3.493\text{kW}$

实际可选：YZR132L-6-3.7kW 的绕线电机。

3. 减速机的选择计算

一般减速机，什么型号容许多大输入功率，已经有表可查，所以型号选择并不难。但还要确定一个减速比：

$$i_{总} = n_{电}/n_{回} = i_{液} \cdot i_{减} \cdot i_{支} \qquad (2-17)$$

$i_{液}$ 是液力偶合器的微小转速差，一般取 1/0.94 或者取 1.05～1.06。

$i_{支}$ 是回转支承与小齿轮啮合传动比。比如回转支承 $Z_{支}=129$ 齿，小齿轮 $Z_{齿}=14$ 齿。

$$i_{支}=129/14=9.214 \text{ 如果取：}$$

$$i_{总}=n_{电}/n_{回}=960/0.6=1600$$

则：$i_{减}=i_{总}/(i_{液}\cdot i_{支})=1600/(1.06\times9.214)=163.8$

实际的回转减速机减速比系列化了，有 140、160、180……，像前例选 160 就可以了。

第五节　小车变幅机构

现代塔机绝大多数都采用小车臂架的形式来实现变幅。也就是由小车变幅机构牵引载重小车，在臂架上往复运动，以实现吊钩和重物工作幅度的改变。所以变幅机构也叫牵引机构。

小车变幅是一种水平移动，移动的对象为小车、吊钩和重物。既是水平移动，所以功率消耗不太大，而且变幅惯性力远不及回转惯性那么大，故小车变幅机构是比较小的一个机构。它通常装在臂架里面，由电机、减速机、制动器、卷筒和机架组成。但对于蜗轮蜗杆减速机，由于其自锁性，断电后能自动停车，不会过多溜车，故也可以不再加制动器。

一、小车变幅机构的构造型式

现有塔机的变幅机构，构造型式也较多，同样有Ⅱ形布置、立式 L 形布置、一字形布置、减速机内置式、机电合一的电动卷筒等。大体方块示意图可参见图 2-19：

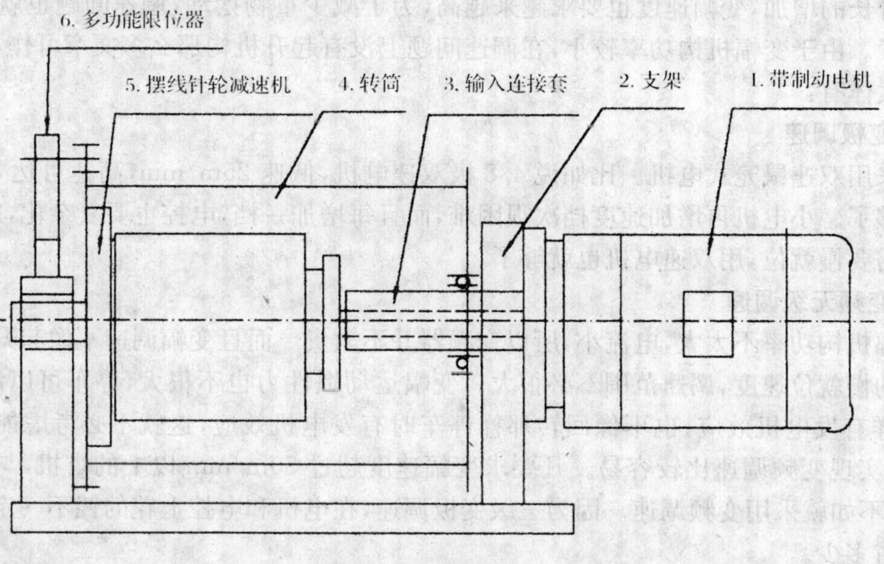

图 2-19　小车变幅机构示意图

1. Ⅱ形布置：

这是早期的布置形式，减速机为普通蜗轮蜗杆，电机通过皮带轮减速后再输入减速机，可降低蜗轮蜗杆输入转速，减少磨损和发热。机构应用得还可以，但经常要换皮带。故现在也用得不多了。

2. 立式 L 形布置

立式电机直联在蜗轮蜗杆减速机上，可不带制动器。结构很紧凑。但输入转速较高，对蜗轮蜗杆磨损不利。好在水平移动负载不重，应用得还比较好。

3. 一字形布置

电机、减速机、卷筒和轴承座在一直线上。电机尾部带盘式制动器，或用锥形转子电机。减速机往往是摆线针轮或行星齿轮减速机。该结构传动效率高，磨损小，用得也较多。电机尾部悬出臂架外，影响不大。

4. 减速机内置式

其构造属于一字形，但把减速机置于卷筒内部，夹住减速机输出轴，而让机壳带动卷筒旋转。电机尾部带制动盘，其伸出轴通过一传动套带动减速机的输入轴，套外有轴承支承卷筒并支于轴承座上。轴承座带法兰盘，可直联电机。这种机构结构很紧凑，效率高，应用也越来越多。但装配比前一种复杂，有两个轴承比较大一点。估计会有较好的应用前景。

5. 机电合一的电动卷筒

这是将减速机的传动齿轮系和电机的定子、转子绕组都装在卷筒内，外边仅留接线盒和制动盒，结构上非常紧凑。但是加工制作比较复杂，因为电机铁芯往往只有电机厂才有，而齿轮系是机械厂的产品，二者合在一起，必需要有较好的装配管理能力才行。这种产品只适合专用，通用性较困难。故到现在为止，推广应用并不很多。

二、小车变幅机构的调速

对于小塔机来说，由于臂架不很长，速度不必太高，小车变幅调速问题并不突出。但随着塔机臂长的增加，变幅速度也要求越来越高，为了减少重物摆动，调速问题也就变得越来越重要了。由于变幅机构功率较小，在调速问题上没有起升机构那么多文章可作，现有的调速方式大体有：

1. 变极调速

多采用双速鼠笼式电机。比如说 4/8 极双速电机，低速 25m/min，高速可达 50m/min，这也就够了。小电机再增加速度档次很困难，而且每增加一档，电控也要复杂化，成本抬高。变幅不需要慢就位，用双速电机也就够了。

2. 变频无级调速

变幅机构功率不太大，电流小，所以变频器并不太贵。而且变幅调速不像起升机构那样有很低的慢就位速度，调速范围不必很大。变幅运动惯性力也不很大，停车可以制动，不像下放那样有发电机效应，也不像回转那样停车时有发电机效应，这就不必考虑能耗制动问题，所以实现变频调速比较容易。凡要求变幅速度超过 50m/min 以上的塔机，与其去搞三级变速，不如就采用变频调速。因为三级变极调速，在电机和电控上花的钱不一定比无级变频调速省多少。

三、小车牵引机构的计算

牵引机构的计算分设计计算和工程应用计算两种。该设计计算常常是分多项分别计算。如牵引阻力包括摩擦阻力、坡度阻力、惯性阻力、迎风阻力、起升绳绕过滑轮的阻力和牵引绳下垂阻力等。这种分项计算各有计算公式，但计算式里的系数合适不合适也很难说清楚。各种因素能不能都迭加起来，也值得讨论，所以计算结果在工程应用中到底有多准确也很难说清。工程应用计算，是从工程应用的大量经验出发，抓住主要矛盾，综合一个总的阻力系数就可。前面说的各种阻力，都与起重量及吊钩重量有关，而且大致成正比，故没必要去分项计算，就按下列步骤计算就可：

1. 牵引阻力计算

取：

$$F_{阻}=K_{阻}(Q_{max}+G_{钩}) \tag{2-18}$$

其中 $K_{阻}=0.12\sim0.15$，这是工程经验公式，$K_{阻}$ 再准确，意义也不大，因为事实上机构不同，加油润滑不同，$K_{阻}$也不同，说不清取多大值为最准确。但上边的公式能用，只要没有特殊情况，对绝大多数塔机都可用。

2. 牵引电机功率的选取

$$N_{静} = F_{阻} \cdot V_{牵}/(6120 \times \eta) \quad \text{kW} \tag{2-19}$$

$F_{阻}$以 kg 为单位，$V_{牵}$以 m/min 为单位。其中 η 是变幅机构的总效率，与所用的减速机很有关系。用蜗轮蜗杆减速机，建议取 $\eta=0.6\sim0.7$；用摆线针轮或行星减速机，推荐取 $\eta=0.8\sim0.85$。

但是牵引机构也不是连续工作，工作负荷率并不高，$JC=15\%\sim25\%$，故取 $K_{电}=0.7$。电机的额定值取：

$$N_{额} = 0.7N_{静} \tag{2-20}$$

3. 牵引钢丝绳的选取

一般取钢丝绳的最大张力为：

$$S_{max} = F_{阻}/\eta_{总} \tag{2-21}$$

其中：$\eta_{总}=\eta_{单}^3=0.93^3=0.8$

取钢丝绳安全系数：$n=5$

$$\sum S=5\times S_{max}/\alpha \tag{2-22}$$

其中 α 为钢丝绳本身编织缠绕系数，一般取：　$\alpha=0.82\sim0.85$

计算出 $\sum S$ 以后，就可从钢丝绳产品中去查表。要求：$\sum S\leqslant S_{破}$。$S_{破}$是表中钢丝绳的破断拉力。

4. 牵引速度的计算

设电机转速为 $n_{电}$，牵引卷筒的转速为 $n_{筒}$，减速机减速比为 $i_{减}$，卷筒直径为 $D_{筒}$。即

$$n_{筒} = n_{电}/i_{减} \tag{2-23}$$

$$V_{牵} = \pi \cdot D_{筒} \cdot n_{筒} \tag{2-24}$$

其中 $D_{筒}$以 m 为单位，n 以 r/min 为单位。

第六节　动臂变幅机构

动臂变幅机构是早期产品，现在已用得不多了。但是在大起重量的安装工程，以及对幅度有严格限制的地方还要用，包括对某些国家和地区出口的塔机，也需要动臂变幅塔机。故在这里还要介绍一下。

动臂变幅时，不仅幅度要变，重物高度和吊臂的重心也要变。这就不只是阻力问题，还必须进行受力分析。

1. 起重臂变幅索的拉力计算

图 2-20 是动臂变幅受力分析图。按照起吊曲线，先找到吊最大起重量时的最大幅度，计算出一个吊臂仰角 α_1。这时的主要载荷有吊重 Q_{max}、钩自重 $G_{钩}$和臂架自重 $G_{臂}$。当然你要愿意加点动态系数也可，加点风载荷也可，但那都是无关要紧的，不影响大局。为了说明问题简单一些，我们先不加，以后再乘一个放大修正系数就可。

如图所示，我们有：

$$T_{max}L_T = (Q_{max} + G_{钩}) \cdot L\cos\alpha_1 + G_{臂} \cdot L/2 \cdot \cos\alpha_1$$

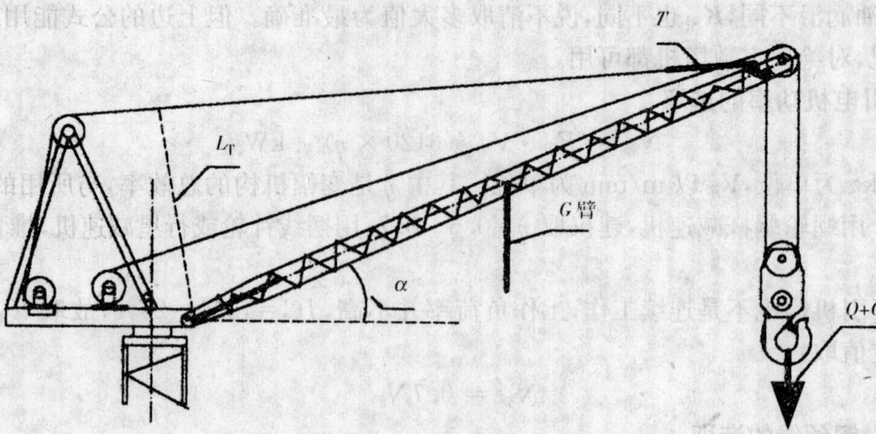

图 2-20　动臂变幅受力分析图

$$T_{max} = 1/L_T \cdot (Q_{max} + G_{钩} + 1/2 \cdot G_{臂}) \cdot L \cdot \cos\alpha_1 \quad (2-25)$$

这里 T_{max}是变幅拉索总的最大牵引力，L_T 是臂架长度，L 是臂根铰点到变幅拉力作用线的垂直距离。

当然，起升绳的张力有助于牵引拉力，但由于其力臂不大，起升绳张力数值也不大，总体作用不很大，偏于安全的计算可忽略此项。但是上面计算出的 T_{max}，还是应该用最大幅度下相应起重量再校核一下，设最大工作幅度下吊臂仰角为 α_2，此时 L_T 也变了，应按(2-25)式再计算一次，最后取两个 T 值中的大者为 T_{max}。

2. 变幅滑轮组倍率的计算

为了减少钢丝绳的种类，在动臂变幅时，一般取变幅钢丝绳的直径与起升钢丝绳的直径相同，也即选用同一规格的钢丝绳。这样其最大许用拉力也相同。设起升绳最大拉为 $S_{升}$。

$$S_{升} = (Q_{max} + G_{钩})/a_{升} \quad (2-26)$$

$a_{升}$是起升滑轮组钢丝的倍率，一般 $a_{升}=2$ 或 4。前面按(2-25)式求出最大牵引拉力 T_{max}以后，那么对于牵引滑轮组的钢丝绳倍率 $a_{牵}$应为：

$$a_{牵} = T_{max}/S_{升} \quad (2-27)$$

3. 变幅卷筒所需容绳量的计算

动臂变幅机构变幅卷筒的容量 L_0 是起重臂从最大幅度 R_{max}变到最小幅度 R_{min}时，绕入卷筒的变幅钢丝绳长度来确定。或者按吊臂仰角 α 从 5°变到 85°时绕入卷筒的钢丝绳长度来确定。85°以上动臂有后翻的危险，5°以下会发生起升绳与臂架的干涉。

$$L_0 = (L_{max} - L_{min}) \cdot a_{牵} + n_0 \cdot \pi \cdot D_0 \quad (2-28)$$

其中 L_{max}是在 R_{max}时，所对应的变幅滑轮组绕绳长度(m)；L_{min}在最小幅度 R_{min}时所对应的滑轮组绕绳长度(m)；n_0 是钢丝绳在筒上的安全圈数，一般应该大于 3；D_0 是卷筒的底径(m)。

由于动臂变幅在半径方向是非匀速的，那么变幅时间只能提出大体要求，比如说从 R_{max}变到 R_{min}控制 2 分钟，这样才好设计卷筒转速。

4. 变幅卷筒的转速计算

有了容绳量和设定变幅时间后，即绳速为：

$$V_0 = (L_{max} - L_{min}) \cdot a_{牵}/t \quad (2-29)$$

然后计算卷筒转速：

$$n_{筒} = V_0/\pi \cdot D_{平均} \tag{2-30}$$

$D_{平均}$是卷筒绕绳多层以后的平均直径，而不是底径。一般取 $D_{平均}=D_0+5d_{绳}$。

5. 所需电机功率的计算

变幅钢丝绳的张力同 $S_{升}$，所以变幅电机功率为：

$$N_{静} = S_{升} \cdot V_0/(6120 \times \eta) = T_{max}V_0/(6120 \times a_{牵} \cdot \eta) \tag{2-31}$$

其中 η 是变幅机构的效率。

但动臂变幅利用率并不高，$JC=15\%$，$K_{电}=0.7$。所以电机的真正功率：

$$N_{电} = K_{电} \cdot N_{静} \tag{2-32}$$

6. 减速箱传动比的计算

从(2-30)式计算出 $n_{筒}$ 以后，再选定电机的极数，确定 $n_{电}$，于是有：

$$i_{减} = n_{电}/n_{筒} \tag{2-33}$$

动臂变幅的牵引机构，实际上就是一台卷扬机。其构造类似于起升机构，但其制动要求很高，要绝对可靠。而且希望用双卷筒牵引，以便于加保险绳。否则一旦牵引绳断裂，吊臂会掉下来，随着平衡臂和平衡重的后倾，会出现倒塔。所以上回转自升式塔机，用动臂式不是好的结构型式，安全保障差，会增加倒塔因素。但下回转塔机用动臂式情况好得多，因为即使吊臂掉下来也不一定会倒塔。这是要引起高度重视的。

第七节　塔式起重机行走机构

塔式起重机是高耸的机械设备，为此防止倾倒是非常重要的，故其行走只能在水平轨道上。塔机行走机构布局大体如图 2-21 所示。

塔机行走机构的驱动方式分为集中驱动和分别驱动两大类。集中驱动是由一台电动机带动两组主动轮，使塔机在轨道上行走。它又分为单边驱动和双边驱动。单边驱动的主动轮布置在轨道的同一侧，从动轮在另一侧，这对弯曲轨道行走有利；双边驱动的主动轮分布在轨道的两侧，成对称布置，这适合于直线轨道运行。不管是单边驱动还是双边驱动，减速机的输出轴总得两根较长的传动轴，然后再带动车轮。而且单边驱动时输出轴的轴线方向与车轮轴线方向成直角相交，所以传动轴与车轮之间还要加一对螺旋伞齿轮，这要增加成本，换来的好处是可以拐弯（见图 2-22）。双边驱动虽然简单一点，但对弯曲轨道适应性差，拐弯时轨道侧压力很大。集中驱动的优点在于只要一套驱动装置，而且布置在台车上方，便于检查，两主动论同步性好。缺点是输出轴后还要另加传动装置，而且对塔机底架的刚性要求高，因为底架变形会影响传动

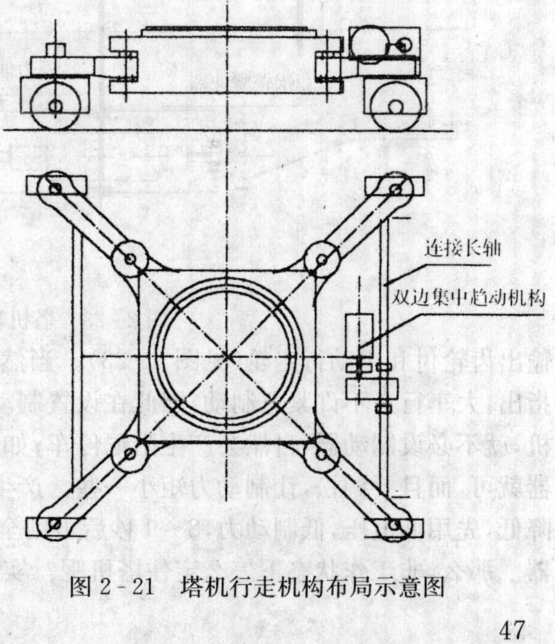

图 2-21　塔机行走机构布局示意图

轴的传动效果。

分别驱动是一台驱动机构只驱动一个主动论，或驱动一个角上的台车。两台驱动机构可以布成单边、双边或对角线上，以适应不同轨道的要求，比较灵活机动。尽管分别驱动增加了一套驱动机构，但应用越来越广泛。

塔机大车行走时，惯性力很大，而且重心又高，因此绝对不容许紧急制动，不然有倒塔的危险。还有起动特性也要软，要有缓冲传动装置。

对于分别驱动，为保证两套驱动机构工作的协调，也必须用液力偶合器来调整微小的转速差。正像两台回转机构一样，要让负载大的走得慢点，负载小的走的快点。液力偶合器同时也能起缓冲作用，软化起动特性。

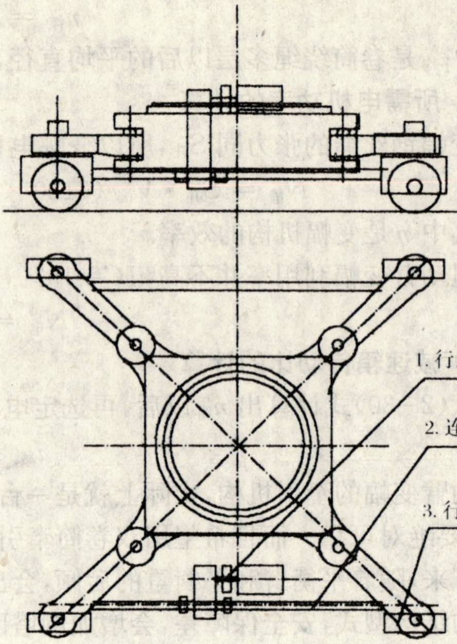

图 2-22　单边集中趋动行走机构

根据大车行走机构的以上工作特点，它的组成一般包括：电动机、液力偶合器、减速箱、

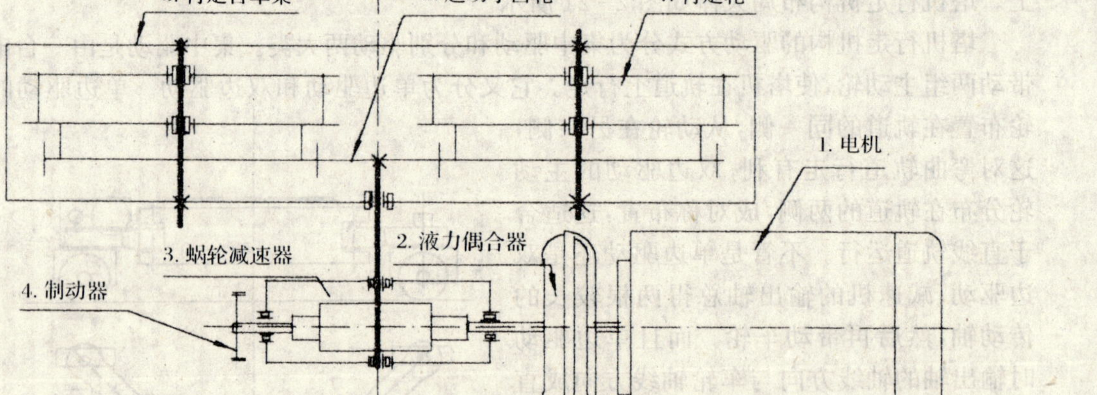

图 2-23　塔机行走机构示意图

输出齿轮付和主动行走轮（见图 2-23）。当然这些组件要靠机架有机地结合为一体。值得指出：大车行走不许紧急制动，因此在设置制动器问题上就要很慎重。如果是蜗轮蜗杆减速机，就不必设制动器，自然会产生阻尼停车；如果是齿轮减速机，也不宜设抱闸，用盘式制动器就可，而且要调松，让制动力矩小一些。产生阻尼制动就可。或者是把制动电磁线圈电压降低，先用低电压，低制动力，8～9 秒后再用全制动。千万不要象普通卷样机那样去设制动器。那么，非工作状态下怎么定住塔机呢？实际上非工作状态不靠制动器，而是靠专用的夹

轨器使塔机定住，不让风吹走。大车吹走是危险的事，到轨道末端很容易引起倒塔。同样操作大车行走时，要提早停车，要留有溜车距离，正像臂架回转一样，不许紧急停车制动。

关于行走机构的计算，也有分项计算和工程应用经验计算之分。分项计算就是把行车阻力分成摩擦阻力、风阻力、坡度阻力和惯性阻力等，分项计算出来再迭加。但与小车行走一样，分项计算准确性并不高，因为有些参数怎么取没有多少根据，没必要去从微量分析作起。而工程应用计算，是从现有塔机的实际使用经验出发的，比较有实践依据，计算方法又简单明确。大体计算步骤如下：

1. 行走阻力的计算

大车轨道行走，速度低、坡度小(1/400)，所以风阻力是主要因素。而风阻力在结构计算中已有参考值。但那里是为了保障结构强度，载荷值总偏大，对于行走机构，不必按最大值，这有一个风荷几率问题。最大风力下开不动，你可以暂时不开，或转动臂架的方向到最小迎风面后再开。不管怎么样，行走阻力大体与塔机自重加吊重成正比。

故可取：

$$F_{阻} = K_{阻} \cdot (Q_{max} + G_{自}) \qquad (2-34)$$

这里 Q_{max} 是塔机最大起重量；$G_{自}$ 是塔机本身重量，包括平衡重和压重；$K_{阻}$ 是经验性阻力系数，建取 $K_{阻}=0.05\sim0.08$。你想保守点就取高一点，你大胆点就取低一点，反正能行，出不了大问题。

2. 关于行走速度的确定

大车行走速度，标准上有推荐值。一般取 $V=15\sim20$m/min。从实用考虑，也没人要求靠提高大车行走速度来提高效率，因为大车是不常开动的，只有实在覆盖不了时才开它，能用小车达到覆盖点，尽量用小车，这是常识。大车速度过高，惯性力大，倒塔危险增加。所以速度限制在 20m/min 以内。

3. 电机功率的计算

运行时的电机功率：

$$N_{静} = F_{阻} \cdot V/(6120 \times \eta_{总}) \qquad (2-35)$$

这里 $\eta_{总}$ 是总传动效率，主要取决于用什么样的减速机。蜗轮蜗杆减速机，$\eta_{总}=0.6\sim0.7$；摆线针轮或齿论减速机，$\eta_{总}=0.8\sim0.85$。

由于大车行走用得少，同样道理，电机功率可以选小一点。一般来说，大车行走 $JC=15\%$，$K_{电}=0.7$。

$$N_{电} = K_{电} \cdot N_{静}/Z \qquad (2-36)$$

这里 Z 是驱动机构的个数，集中驱动 $Z=1$，分别驱动 $Z=2$。

4. 减速机的减速比的选取

设行走轮直径为 $D_{轮}$，那么其转速

$$n_{轮} = V/\pi \cdot D_{轮} \qquad (2-37)$$

$$i_{总} = i_{液} \cdot i_{减} \cdot i_{齿} = n_{电}/n_{轮}$$

$i_{液}=1.06$ 是液力偶合器的传动比；$i_{齿}$ 是输出轴端的开式齿轮或螺旋伞齿轮的传动比。分别驱动时，往往减速机输出轴与驱动轮轴直连，这时 $i_{齿}=1$。所以最后我们有：

$$i_{减} = n_{电}/(n_{轮} \cdot i_{液} \cdot i_{齿}) \qquad (2-38)$$

有了减速比和电机功率，减速机自然就好选择了。由于大车使用少，功率也不很大，所

以从装配紧凑来看，选蜗轮蜗杆减速机是可取的。因为它传动比大，又不必加制动器，很紧凑。使用得少，也不在乎能量损失和发热。

5. 计算实例

某 40tm 塔式起重机，整机自重加压重和平衡重一起 32t，最大起重量 4t，采用 2 台驱动机构分别驱动，行走速度 20m/min，用蜗轮蜗杆减速机，试选取行走机构的参数。

$$F_{阻}=K_{阻}\cdot(G_{自}+Q_{\max})=0.05(32000+4000)=1800\text{kg}$$

$$N_{静}=1800\times20/(6120\times0.68)=8.65\text{kW}$$

$$N_{电}=K_{电}\cdot N_{静}/Z=0.7\times8.65/2=3.028\text{kW}$$

所以实际用 3kW 电机就可以了。

如果有时阻力过大，电机还有力矩过载能力，并不会起不动。

第八节 液压顶升装置

对于上回转自升式塔机或者内爬式塔机，都要有液压顶升装置。它配合爬升套架一起，完成自升功能或内爬功能。在本节我们以自升式塔机的顶升加节为代表来说明这一问题。

一、液压传动的优点与缺点

塔机的顶升乃至某些下回转快速安装塔机的竖塔，为什么用液压系统，而不用机械传动系统呢？那是因为液压传动有它独特的优点。这些优点主要表现在：

1. 液压传动能无级调速，运转平稳，而且可以通过换向伐随时改变油液进出的方向，没有什么大的冲击。

2. 液压传动易于实现直线往复运动，特别适合于顶升和起扳。各液压元件之间只要用管路连接起来就可，便于通用化和标准化。便于组织大批量生产，以降低成本和提高质量。其输出端能随机械的需要而自由地安装，不受限制，便于机器的总体布置。

3. 结构紧凑，重量轻，而且液压油本身有一定的吸振能力，因此工作平稳。液压系统的惯性小、启动快，易于实现无冲击地变速和换向。

4. 液压传动工作介质本身就是润滑油，各元件自行润滑，工作噪声小，可以减轻工人的劳动强度。

但是，液压系统也有其缺点。最主要的是液压元件都是精密件，要求很高，微小的制作偏差或密封材料不过关，就会引起渗漏和失压，油内的污染杂质可堵塞小孔，都会使工作系统失效。管道破裂时，高压油射出来也可以伤人，所以使用液压系统仍须高度注意。

二、液压系统的工作原理

液压系统传动的主要工作原理是：受压液体介质，只传递压强，而其力的方向总是与液体的界面垂直。我们知道：作用在一个面上的力，等于其面积与压强的乘积。只要我们能设法提高液体的内压强，再把活塞面作得足够大，我们就可以在活塞上获得相当大的压力，这就是液压缸的作用。而增加压强，我们可以用小活塞去实现。每个小活塞受的力不大，但要足够快的运动速度，才能获得足够的高压介质的流量。这就是液压泵的作用。泵工作时所作的功：

$$W=p\cdot Q_{总} \tag{2-39}$$

其 p 为液体介质压强（kg/cm²），$Q_{总}$ 为泵送的总流量（cm³）。

同样的道理，压力传到活塞缸以后，设活塞杆推力为 F，活塞面积为 S，行程为 L。则有：

$$W = F \cdot L = p \cdot S \cdot L = p \cdot Q_{总}$$

活塞移动速度 $V=L/t$，t 为时间，则功率：

$$N = F \cdot L/t = F \cdot V = p \cdot S \cdot V \qquad (2-40)$$

在实际应用中，我们关心的不是总流量 $Q_{总}$，而是单位时间的流量，$Q=Q_{总}/t=S \cdot L/T=S \cdot V$，那么就有计算式：

$$N = p \cdot S \cdot V = p \cdot Q \qquad (2-41)$$

这里的 Q 含有时间因素，实际是排油率，但我们在液压系统中的排油量却指的正是单位时间的流量（cm³/s）。

在一般的油缸工作时，总是有背压的，活塞两面受压，它真正作的功是压差乘行程，所以有：

$$N = (p_1 - p_2) \cdot Q = \Delta p \cdot Q \qquad (2-42)$$

三、关于液压系统的压力标定和单位换算

在工程应用中，人们常常有习惯用的单位，比如说公斤（kg），厘米（cm）。说一个物件多重用公斤、吨等单位来衡量，很少说多少N，或多少kN。而计算油缸的活塞面积、行程、用厘米（cm）很直观。但是标准化的单位，力用N为单位，长度用m为单位，压强用Pa（N/m²）为单位。常常报出一个数来，与人们概念中熟悉的单位不符，这就要进行单位换算。在工程应用中，不必取得太准确，故认为1kg＝10N，而不是1kg＝9.8N，这不是错误，而为了换算简单。在这一前提下，我们有：

$$1\text{kg/cm}^2 = 10\text{N}/0.0001\text{m}^2 = 10^5\text{N/m}^2 = 10^5\text{Pa}$$

$$1\text{MPa} = 10^6\text{Pa} = 10\text{kg/cm}^2 = 1\text{N/mm}^2$$

$$1\text{t} = 1000\text{kg} = 10000\text{N} = 10\text{kN}$$

这些基本常识应记住，在液压系统和应力检测中常常要用到，不至于花很多时间去换算。

在液压系统中，常把压强说为压力，虽然不确切，但大家也习惯。液压系统是把压力分为等级的，共分5档，标定如下表：

表2-1　液压系统压力等级分类表

压力级别	低　压	中　压	中高压	高　压	超高压
压力范围（MPa）	0～2.5	2.5～8	8～16	16～32	＞32
压力范围（kg/cm²）	0～25	25～80	80～160	160～320	＞320

在建筑机械液压系统中，常采用中高压和高压的较多。

一般规定的液压泵的最大工作压力，是指它在短时间超载的极限工作压力，可由液压系统中的安全阀所限制，起超载保护作用。安全伐调整到等于或小于液压泵的最大工作压力。但正常设定的额定工作压力应比最大工作压力要小一点，不应当让泵老是在最大工作压力下工作，否则可靠性要下降，故障会增加。

四、液压传动系统中的能量损失和效率

液压系统的介质是液压油，任何液压油不可能是理想的流体，流动时其内部总是存在粘性阻力。粘性越大，其阻力也越大，这种阻力会造成能量损失。另一方面，油液流过阀门，弯头或管径变化，会使油液的流动速度、方向发生急剧的变化，原来的层流会出现紊流，这也会损失能量，这种损失叫局部损失，系统中这种环节越多，损失也越大，因此系统设计中应尽量减少这种环节。液压系统中既有能量损失，就会使管路系统产生压力下降，或者叫压力损失。而损失的能量就会变成热能，就会使液压系统的温度升高。液压系统的发热过多或升温过高，不但降低了液压传动的效率，而且由于温度过高，还会使油液的粘性度下降，泄漏也会增加，从而影响到机械的使用性能。还会使油液变质，产生氧化物杂质，腐蚀管路或堵死细孔，使整个系统不能正常工作。因此，对液压系统的温升是要限制的。系统设计时要考虑散热条件，使发热和散热相等，这就是系统的热平衡。热平衡的控制温度一般取为 65～70℃。高于环境温度的数值叫温升。例如环境温度为 20℃，热平衡温度取 65℃，那么容许温升就是 45℃。

液压系统既然不可避免地有能量损失，也就一定有传动效率问题。我们一般用 η 表示：

$$\eta = N_{出}/N_{入} \tag{2-43}$$

在整个液压系统来说，一般存在三种损失，即：机械损失、液压损失和容积效率损失。因此这个效率也是由机械效率、液压效率和容积效率合成。对液压泵和液压缸，主要考虑机械效率和容积效率；对管路和各种阀类，主要考虑容积损失和压力损失。

五、典型的液压顶升系统分析

液压顶升装置，其功能只是起一个把几十吨重的塔机上部结构向上顶起来的作用，本身并不复杂。然而用在塔机上，要保障安全，却对它有一些特别的要求。对顶升系统，除了满足最大起重量和升降速度要求外，尚需满足调速性能好，换向冲击小，升降平稳，无爬行现象，切断油路时无缓慢下降现象。图 2-24 是个典型的液压顶升系统图，我们不妨就结合该图来说明液压顶升系统的组成和元件的功能。

1. 泵

系统的动力源是一台电机带动的一个油泵，二者装在油箱之上。电机就用普通的鼠笼式电机就可，因为它无需调速和制动。泵按压力高低的不同，可以是叶片泵、齿轮泵和柱塞泵，以叶片泵压力最低，柱塞泵压力最高，用得最多的是齿轮泵，压力正处于中高档。

2. 益 流 阀

液压油从油箱经过泵加压以后，首先要布置一个压力表显示压力，同时也要有个溢流阀来控制系统最高压力。溢流阀也叫安全阀，它有一个辅助接口，使阀芯能在高压油推动下移动，从而接通主通道，使压力油直回油箱。产生溢流压力的大小由人为调节。这样就可保护泵不至于在过高的压力下工作。

3. 换向控制阀

在顶升回路里，换向阀一般采用三位四通的手动换向阀。顶升液压缸是双向可逆的，其中没有活塞杆的一端叫油缸大腔，有活塞杆的一端叫小腔。所谓三位，是指换向阀有三个操作位置，即：中间位、顶升位、回缩位。当处于中间位时，进油口与回油口直通，高压油直接回

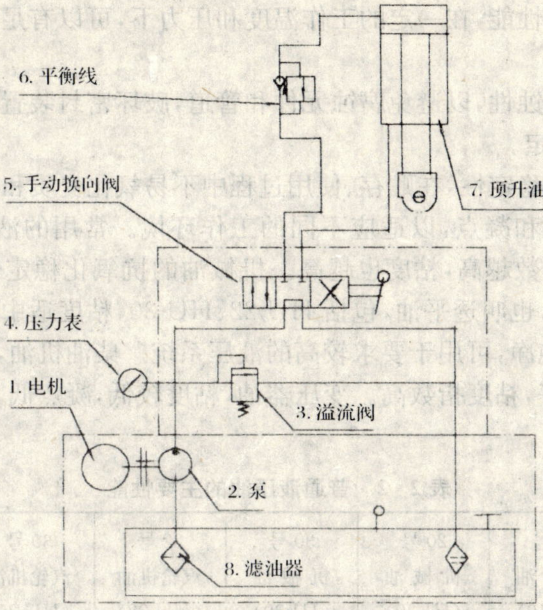

图 2-24　典型的液压顶升系统图

油箱，活塞不动作。当打入顶升位时，进油口通油缸大腔，回油口接小腔，油缸活塞杆慢慢伸出，实现顶升作业。当打入回缩位置时，进油口通小腔，回油口接大腔，这时活塞杆回缩。

4. 平衡阀

在实际顶升作业中，为了保障油缸工作的平稳，无论大腔或小腔，回油口是不能直接通油箱的，回油速度也要受到压力控制，这就是所谓背压。为什么回油压力要控制呢？因为活塞在某个速度下，大腔和小腔排油量是不相同的，如果油液自由排出，会造成压力的随便升降，活塞两侧受力就不稳定，活塞杆工作就不稳定。平衡阀就是用来控制排油的压力的。只有在某一压力下，平衡阀才能打开，开始排油，不达压力就关闭，就不会排油，这样作用在活塞两侧的压力就稳定了，油缸的工作也就平稳。有了平衡阀，还可以避免下降时可能产生的超速现象，即使换向阀打到中位，塔机上部可在空中停留一段时间保持不动。平衡阀最好与油缸直连，不再设管，这样，即使进油口压力油管坡裂，有平衡阀锁住回油腔，也不至于有油缸突然回缩的危险。

5. 过滤网

液压系统是最怕小孔堵塞的，因为小孔堵塞会导致功能失常，从而使系统出故障。为此液压油要求非常清洁，不含杂质。为此，在回油口要设过滤网，以吸附油内杂质。过滤网还要经常清洗，把网上杂质清除干净。

六、液压油的选择

选择塔式起重机液压系统的液压油，要注意以下几点：

1. 具有合适的粘度，也就是使系统的泄漏损失和阻尼损失总和最小。这三者有一定的矛盾，粘度高阻尼损失大，但有利于防泄漏，反之即粘度低阻尼损失小，但泄漏性增加，所以必须兼顾。一般说在温度高、工作压力高和速度高的条件下，应该用高粘度的油。在气温低、速度低、工作压力低的条件下，应该用低粘度的油。

2. 具有良好的润滑性能，在一定的工作温度和压力下，可以有足够的油膜厚度，以避免干摩擦。

3. 要有良好的防腐蚀性，以避免腐蚀元件和管道，破坏密封装置；不得含有空气，否则，会引起工作系统的不稳定。

4. 具有较高的化学稳定性，在贮存、使用过程中不易氧化变质和乳化。

5. 要有适当的燃点和凝点，以适应不同的工作环境。常用的液压油有：机械油，包括HJ-10、HJ-20、HJ-30，号数越高，粘度也越高。机械油的抗氧化稳定性差，常用于条件不高的液压系统。汽轮机油，也叫透平油，包括HU-22、HU-30，粘度适中，具有较高的抗氧化性和抗乳化性，比机械油纯净，可用于要求较高的液压系统。柴油机油，油中加有抗氧化、防腐蚀和去垢剂，润滑性能好，粘度指数高。变压器油，粘度较低，凝点低，闪点也低，适于低温低速工作环境。

表 2-2　普通液压油的主要性能

液压油名称	10号 机械油 (HJ-10)	20号 机械油 (HJ-20)	30号 机械油 (HJ-30)	22号 汽轮机油 (HU-22)	30号 汽轮机油 (HU-30)	变压器油	11号 汽缸油 (HG-11)
运动粘度(m^2/s)	7～13	17～23	27～33	20～23	28～32	<9.6，<30	9～13
恩氏粘度(°E)		2.6～3.31	3.81～4.5	2.9～3.2	4～4.5	<1.8，<4.2	1.76～2.2
酸值(mmKOH/g)	≯0.14	0.16	0.2	0.02	0.02	0.05	0.25
灰分(%)≯	0.007	0.007	0.007	0.005	0.005	0.005	0.02
水溶性酸与碱	无	无	无	无	无	无	无
机械杂质度(%)	0.005	0.005	0.007	无	无	无	0.007
水分(%)≯	无	无	无				痕迹
闪点(开口)(°C)	≮165	170	180	180	180	135	215
凝点(°C)≯	−15	−15	−10	−15	−10	−10，−45	5

七、液压系统的计算

对于液压系统计算，最主要的是根据顶升要求，确切地说是顶升力和速度，合理选择压力油缸、泵和电机等。计算步骤大体如下：

1. 外载荷及顶升速度的确定

顶升外载荷是顶升套架以上所有另部件、平衡重，以及为了平衡顶升，对所顶升部分重心位置调节时附加吊重的总和。比如设某塔机顶升重量是 30t。当滑行时可能有些阻力，可以乘一个系数 1.05～1.1 就可。顶升速度一般选 0.4～0.6m/min。

2. 油缸的选择计算

液压油缸的设计计算包括内径 D 的确定，活塞杆直径 d 的确定，壁厚的计算，缸体连接计算和供油量的计算等。

油缸内径并非是连续变化的数值，而是有标准系列可查。JB826-66 就有液压缸 D

(mm)系列表和活塞杆直径 d 系列表。

表 2-3 液压缸内径 D(mm)系列

20	25	32	40	50	55	63	(65)	70	(75)
80	(85)	90	(95)	100	(105)	110	125	(130)	140
(150)	160	180	200	(220)	250	(280)	320	(360)	400
(450)	500	(560)	630	(710)	820	(900)	1000		

注:1. 括弧内数值尽可能不用

2. 液压缸的长度一般不超过直径的 20 倍,即 $L \leqslant 20D$。

表 2-4 活塞杆直径 d(mm)系列

10	12	14	16	18	20	22	25	28	(30)
32	35	40	45	50	55	(60)	63	(65)	70
(75)	80	(85)	90	(95)	100	(105)	110	(120)	125
(130)	140	(150)	160	180	200	220	250	(260)	280
(320)	360	(380)	400	(420)	450	500	(520)	560	(580)

注:括弧内数值尽可能不用。

根据工程使用经验,你可以先定一个工作压力指标,后确定缸径,也可以先选一个缸径,后校对压力是否合适。在这里我们先选压力指标,后定缸径为例作计算:塔机顶升系统,一般选中高档压。比如前例我们可选 $p=15\text{MPa}$,而背压选

$P_0=3\text{MPa}$。油缸的实际顶升力为:

$$边\ F_{顶}=(P-P_0)\cdot S \tag{2-44}$$

$$F_{顶}=(150-30)\cdot S\quad \text{kg}(这里已作了单位换算)$$

$$S=1.05\times 30000/120=262.5\text{cm}^2$$

$$D=\sqrt{4S/\pi}=\sqrt{4\times 262.5/\pi}=18.28\text{cm}$$

查上面的液压油缸内径 D(mm)系列表,选定内径 180mm。而系统的压力等级取标准值 16MPa。活塞杆直径查相应的表,取 $d=80\text{mm}$。

液压缸的壁厚 t,一般按薄壁筒结构分析,但实际上油缸体不是薄壁筒,故要乘以修正系数,以修正计算上的误差。计算公式为:

$$t\geqslant K\cdot P\cdot D/(2\cdot[\sigma])\text{mm} \tag{2-45}$$

这里,P—设计工作压力(MPa);K 为修正系数,当额定工做压力 $P\leqslant 16\text{MPa}$ 时,取 $K=1.25$;D 为液压缸内径(mm),$[\sigma]$—缸体材料的许用应力,要求$[\sigma]=\sigma_b/5$,σ_b 为缸体材料的抗拉强度(MPa)。用公式计算出的壁厚 t,一般应根据无缝钢管规格和液压缸标准外径系列作适当调整。

表 2-5 工程机械用液压缸体标准外径系列表

液压缸内径 D(mm)	40	50	63	80	90	100	110	125	140	150	160	180	200
外径 $P\leqslant 16$MPa 20 钢	50	60	76	95	108	121	133	146	168	180	194	219	245
外径 $P>16$MPa 45 钢	54	63.5	83	102	114	127	140	152	168	180	194	219	245

以前例为例,我们取$[\sigma]=100\text{MPa}$

$$t=1.4\times 16\times 180/(2\times 100)=20.16\text{mm}$$

$$D_{外}=D+2t=180+2\times 20=220\text{mm}$$

选取系列化数值，取 $D_{外}=219$mm。

这样油缸选择设计就完成了。但是当活塞杆长度与活塞杆直径之比 L/d 大于 15 时，还应该进行油缸的受压稳定性校核计算。计算办法是：

$$P_{cr}=\pi^2 E\cdot J/(\mu\cdot L^2)(\mathrm{N}) \tag{2-46}$$

式中：P_{cr}——油缸活塞杆失稳临界压力(N)；

μ——由液压缸支承安装条件决定的折减系数，$\mu\leqslant 4$；

E——材料的弹性摸量，取 $E=2.1\times10^5$ MPa；

J——活塞杆的截面惯性矩，$J=\pi d^4/64(\mathrm{cm}^4)$；

L——活塞杆的计算长度(mm)。

以前例为例，我们取 $d=80$mm，$L=1200$mm，则有：

$$J=\pi\times80^4/64=2.01\times10^6(\mathrm{mm}^4)$$

$$P_{cr}=\pi^2\times2.1\times10^5\times2.01\times10^6/(4\times1200^2)$$

$$=4.1659\times10^{12}/(5.76\times10^6)=723246\mathrm{N}。$$

要求安全系数：

$$n=P_{cr}/F_{顶}\geqslant 2 \tag{2-47}$$

前例：$n=723246/315000=2.296>2$ 满足要求。

至于连接销轴，通常标准化生产的接头都会满足要求，可不再计算。

3. 油泵的选择计算

对油泵的选择，一般计算排油量和额定压力，以实现工作要求。排油量大于油缸顶升时的吸油量，对油缸，我们已计算出内径和设定顶升速度，则吸油量：

$$Q_{吸}=SV=\pi\cdot D^2\cdot V/4000 \tag{2-48}$$

式中：Q——油缸吸油量(L/min)；

D——油缸内径(mm)；

V——顶升速度(m/min)。

用前例数据，并取 $V=0.5$m/min，$Q_{吸}=\pi\times180^2\times0.5/4000=12.7$(L/min)。

考虑液压系统的流量损失，选取泵的流量一定要大于这个流量。泵的压力在开始计算时已经先选定了。

对于泵本身，它还有一个效率问题。泵的效率有容积效率和机械效率，就是泵工作时不可避免的有泄漏损失。设泄漏量为 Q_x，Q_o 为理论流量，$Q=Q_o-Q_x$ 为实际流量。泵的容积效率就是实际流量与理论流量之比。

$$\eta_{容}=Q/Q_o=(Q_o-Q_x)/Q_o=1-Q_x/Q_o \tag{2-49}$$

液压泵在工作中，输出油液的压力随系统的外载荷而变化。外载荷增大，油压随之也增大，泵的工作压力也随之增高。当压力增高时，泄漏也要增加，容积效率就要下降。对每一种泵来说，都有一个合理的最高工作压力，这就是铭牌上规定的额定工作压力，相应于这个额定工作压力下的实际流量，就是额定工作流量。各类液压泵的效率如表 2-6 所示。

表 2-6　各类液压泵的效率

泵的类型	叶片泵	齿轮泵	柱塞泵
容积效率	0.8～0.95	0.7～0.9	0.85～0.98
总效率	0.75～0.85	0.6～0.8	0.75～0.9

4. 泵的电机功率选择

液压顶升泵站功率主要消耗在顶升，其计算公式为：

$$N_{顶} = F_{顶} \cdot V_{顶}/(6120 \times \eta_{顶}) \quad (2-50)$$

式中：$\eta_{顶}$指的是滑行损耗，取$\eta_{顶}=1/1.05=0.95$；$F_{顶}$是外载荷(kg)；

$V_{顶}$为顶升速度(m/min)。如前例，就有：

$$N_{顶} = 30000 \times 0.5/(6120 \times 0.95) = 2.58\text{kW}$$

但是液压系统有泵的效率$\eta_{泵}$，管道压力损耗$\eta_{管}$和油缸的效率损失$\eta_{缸}$，构成系统损耗。

$$\eta_{液} = \eta_{泵} \cdot \eta_{管} \cdot \eta_{缸} \quad (2-51)$$

作为经验性计算，可以取$\eta_{缸}=0.95$，$\eta_{管}=0.9$，$\eta_{泵}=0.8$。这样电机静功率为：

$$N_{静} = N_{顶}/(\eta_{泵} \cdot \eta_{管} \cdot \eta_{缸}) \quad (2-52)$$

如前例，就有：

$$N_{静} = 2.58/(0.8 \times 0.9 \times 0.95) = 3.77\text{kW}$$

但是，顶升作业是负载率很低的作业，每次行程就2～3分钟，而且平常很少用，故可以取$K_{电}=0.7$以下

$$N_{电} = K_{电} \cdot N_{静} \quad (2-53)$$

前例液压泵站，$N=0.7\times3.77=2.639$kW。所以选择3kW的电机就够用了。

八、液压系统的使用、维护及常见故障处理

液压系统是由精密元件组成，故使用维护也比较讲究，否则就很容易出故障。在此只能简要提醒应注意的事项：

1. 液压油的保护

液压油是系统的工作介质，必须保持清洁，要特别防止油液中混入杂质和污物。经验证明：液压系统经常发生的各种故障和损坏事故，往往与液压油的变质、污染及密封的破坏有关。为此，加油时必须经过严格过滤，严禁在工地上随便找点什么薄片窝起来就灌油。滤油器应经常清洗，发现损坏及时更换。装配液压元件时一定要清洗，放在干净的地方，防止灰尘、金属屑、棉丝等杂质落入元件中。

2. 要防止空气和水滴进入液压系统

空气进入液体会产生气泡，受压缩时会产生噪音，还会使油缸产生爬行，破坏工作的平衡性。为此注意回油管应插入油箱的油面之下；油箱的吸入侧和回油侧要有隔板隔开。

3. 要防止油温过高

油箱不可太小，要有足够散热面，有循环冷却条件。在不工作时，油泵要能自动卸荷。油的控制温度，一般应保持在35～60℃之间，如发现过热，立即寻找原因，消除过热根源。

4. 液压系统常见故障及排除

1)油温过高

产生原因有泵的效率低，其容积、压力、机械损失大，转化热量多。油箱过小，散热条件不好；系统回路不合理，卸荷时还要经过溢流伐回油；管路元件应用不当，局部损失大。凡发热必是效率低损耗大引起，找到原因均好处理。

2)有噪声

产生的原因多是吸入空气，或机械安装偏差，或脏物堵塞小孔。为此要注油管浸入油面

要长一点，吸油管与回油管不能靠得太近，最好用隔板隔开，安装注意同心。

3)油缸有爬行现象

产生原因多是吸入空气，油液太脏，液压系统回油无背压，油缸内表磨损不平，或阀体内部窜腔。要一个个分析，直到找出真正原因，预以解决。

4)压力不足或加压不上去

产生原因多为某环节密封不严、液压泵吸油阻力大、溢流阀调压不对或阀芯卡在泄油位置、油被污染、密封配合面被小颗粒物阻碍而串腔。逐个环节检查。清洗液压元件，改善密封环节。

第九节 塔式起重机的安全保护装置

塔式起重机是高空作业设备，本身又高，覆盖面又大，臂架活动区域往往伸到非施工面范围，加上操作人员和安装人员常常在高空作业，所以安全要求很高。除了施工现场要有严格的安全施工规程以外，在塔机本体上，也设置了一些安全保护装置。在塔机使用中，用户应该要保证这些安全保护装置正常发挥作用。任何忽视安全机构的作法都有可能引起重大事故和损失。现在让我们分别介绍这些安全装置的机理和作用。

一、起重力矩限制器

起重力矩限制器是用来限制塔机的起重力矩的。在塔机型号介绍中，我们已经讲过，塔机的型号是以其主参数起重力矩来划分的。一台塔机的额定起重力矩是以其基本臂长(m)和相应起重量(t)的乘积来定义的。所以起重力矩是最重要的主参数，超力矩起重是最危险的事情，弄得不好，会导致机毁人亡。故塔机上必须设力矩限制器，以便接近危险工况就报警或断电，不容许塔机超力矩使用。

但是，对力矩限制器不重视，不理解的事常有发生，往往导致严重后果。曾经有这么一个工地，他们买了一台较小的塔机，在安装好后，厂方帮他们调好了安全机构，一切工作正常，工地在产品移交文件上签了字。可是后来用这台塔机吊水泥罐浇混凝土，在臂端起吊时，刚好超一点力矩，就会报警停电。于是工地上认为力矩限制器碍事，就把它短路掉。用了一个多月也没事，他们更认为没什么了不得。可是有一天大清早，就忙于加班，雾茫茫看不清，吊钩钩住别的东西也不知道，就一个劲起吊，直到把塔帽拉弯臂架下斜了才发现。好危险！幸好没造成倒塔。工地开始怪塔帽强度不够，不认为自己有什么过错。后经多方论证提问，为什么强度不够在开始那么长时间没有表现？而是突然拉弯？而且出事故时没有报警？工地后来才承认把力矩限制器短路一事。此次违章虽没造成大事，但也误了好几天工才修复。驾驶员没有受伤，但教训是深刻的。类似事件常有发生，值得引起高度注意。

力矩限制器的构造有多种多样，但现在用得最多的是机械式力矩限制器。机械式力矩限制器反应很直接，不必经过中间量的换算，所以灵敏度可以满足应用要求，也不很骄气，这也是它能得以推广应用的主要原因。

上回转塔机的力矩限制器一般装在塔帽或回转塔身的主弦杆上。其构造是两块弓形板相对，形成一个菱形，如图 2-25 所示。菱形的长对角线端有两块连接板，可以直接焊到主弦杆上；短对角线方向，有一对支板，分别安装有限位开关和触动头的调节螺栓。菱形边与长对角线夹角很小，见图中 θ 角。当塔机起吊时，主弦杆的应变与轴向力成正比，力矩限制器所覆盖的一段主弦，其变位 Δy 与起重力矩成正比。但是主弦很刚硬，这个变位 Δy 很小，直接用它来带动限位开关触头是不灵敏的。可是在菱形变位时，短对角线长度也会变。

$$\Delta x = L \cdot d\sin\theta/d\theta \cdot \Delta\theta = L \cdot \cos\theta \cdot \Delta\theta,$$

而 $\Delta y = L \cdot d\cos\theta/d\theta \cdot \Delta\theta = L \cdot \sin\theta \cdot \Delta\theta$，$\Delta x/\Delta y = \mathrm{ctg}\theta$，$\Delta x = \mathrm{ctg}\theta \cdot \Delta y$，当 θ 接近于 0 时，$\mathrm{ctg}\theta$ 是很大的，所以微小的 Δy，可以引起一个较大的 Δx 值，这个变位值足可以用来带动限位开关的触动板。从上面这个分析可以看出，Δx 与 Δy 不是成正比，而是非线性。也就是说 Δx 与起重力矩也不成正比。但是对于只关心限制值，并不关心全行程变化规律来说，这是没有什么关系。不过对于力矩显示器，这条非线性曲线应当用近似办法加以处理。这个处理并不难，所以应当尽可能推广力矩显示器，因为这可以使操作人员随时作到心中有数。

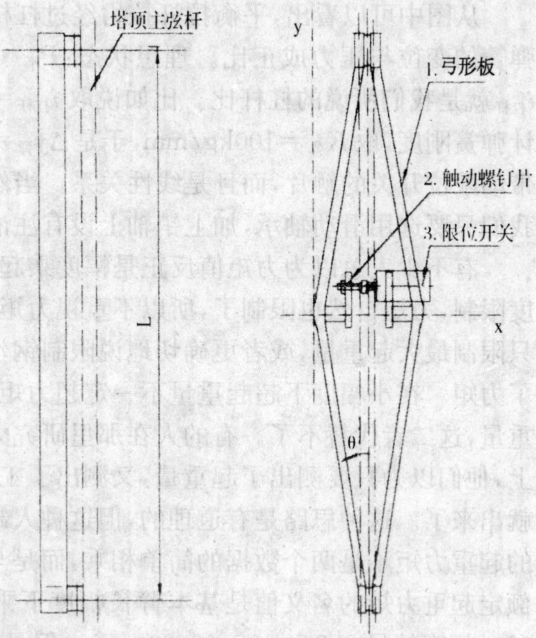

图 2-25　弓形板式力矩限制器

下回转塔机的力矩限制器装在平衡拉杆上。我们已经介绍过，下回转塔机的起重力矩是靠平衡拉杆受拉和塔身受压构成力偶来平衡的。所以平衡拉杆的拉力与起重力矩成正比。这就好办了，我们就只要限制平衡拉杆的拉力值就可以了。这就类似起重量限制器。但是平衡拉杆受的拉力是很大的，拉力计一般受不了那么大的力，所以要把拉力分流，只让一部分力传到测力计上去。图 2-26 为一种下回转塔机用的杠杆式力矩限制器。它装在平衡拉杆下端。

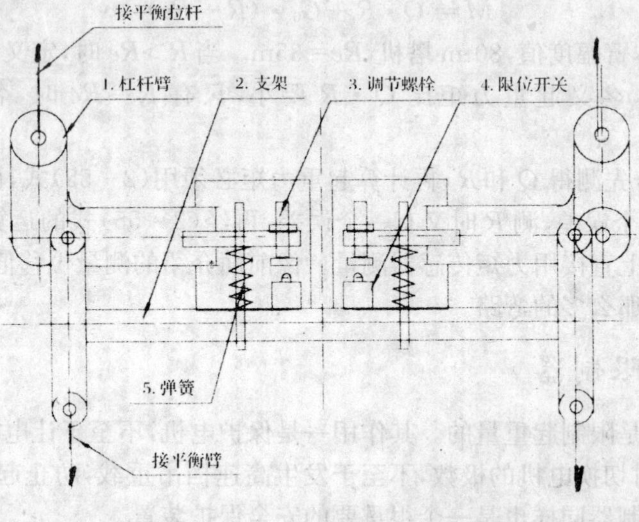

图 2-26　下回转杠杆式力矩限制器

从图中可以看出，平衡拉杆拉力经过杠杆作用换算以后，在压力弹簧上产生一个压力，弹簧的变位与压力成正比。理想状态：$P_{平} \cdot \Delta y_{平} = P_{弹} \cdot \Delta y_{弹}$，$P_{平}/P_{弹} = \Delta y_{弹}/\Delta y_{平} = i_{杠杆}$，$i_{杠杆}$就是我们所说的杠杆比。比如说取 $i_{杠杆}=10$，当 $P_{平}=10t$ 时，$P_{弹}=1t$。我们可以这样设计弹簧刚度，取 $K_{弹}=100\text{kg/mm}$，于是 $\Delta y_{弹}=P_{弹}/K_{弹}=10\text{mm}$。有了 10mm 的位移量，足可带动限位开关的触片，而且是线性关系。当然实际上支点轴有摩擦阻力，并非理想状态，但我们只要选用滑动轴承，加上销轴上设有注油嘴，这样的力矩限制器就可以应用。

有不少人总以为力矩值反正是幅度乘起重量，所以认为反正塔机有起重量限制，又有幅度限制，力矩自然也限制了，所以不重视力矩限制，这是很错误的认识。实际起重量限制器只限制最大起重量，或者更确切地说限制钢丝绳张力，所以与起升倍率有关。起重量限制不了力矩。在小幅度下超起重量不一定超力矩，而在大幅度下超力矩时远远不会达到最大起重量，这二者代替不了。有的人在那里研究力矩显示器，把注意力放在重量显示和幅度显示上，他们以为只要测出了起重量，又测出了工作幅度，把两个数值输入一个乘法器，自然力矩就出来了。这种思路是有道理的，但这种人缺乏实践经验，缺乏对塔机的了解。实际上塔机的起重力矩不是两个数据的简单相乘，而是与其额定起重力矩以及小车加吊钩的重量有关。额定起重力矩的名义值是基本臂长幅度下乘以其相应的起重量。比如 80tm 塔机，应该是 35m 幅度处吊 2.29t。35×2.29＝80。但是塔机起重力矩是额定值，并不表示在任何工作幅度下，$Q \cdot R$＝常数。实际上的吊重荷载（不含自重荷载）还应包括小车加吊钩的重量，因为这个附加重量的幅度值是变的，不能算在自重负荷之内。假如记小车加吊钩重量为 $G_6=140\text{kg}$，此时真正的吊重力矩是：$Me=(Q+G_6) \cdot Re=(2290+140)\times 35=85050\text{kg} \cdot \text{m}$。真正吊重力矩比名义力矩大。这是吊具重 G_6 在起作用。而且幅度越大，吊具影响也就越大。真正的起重曲线是：

$$Q = Me/R - G_6 \tag{2-54}$$

因为 $Me=(M+G_6) \cdot Re$，M 是定义上的额定力矩，所以真正受到控制的力矩是所定义的力矩 M。$M=(Q+G_6) \cdot R - G_6 \cdot Re$，它与真正吊重力矩 Me 相差一个常数值 $G_6 \cdot Re$，或者写成为：

$$M = Q \cdot R + G_6 \cdot (R - Re) \tag{2-55}$$

式中 Re 为基本臂幅度值，80tm 塔机，$Re=35\text{m}$。当 $R>Re$ 时，定义起重力矩值比 $Q \cdot R$ 要大，当 $R<Re$ 时，名义起重力矩比 $Q \cdot R$ 要小，只有 $R=Re$ 时，名义起重力矩才等于 $Q \cdot Re$。

如此看来，你若先测得 Q 和 R，再计算起重力矩必须用（2-55）式，而不能是简单相乘。这样你测量 Q 时有个误差，测 R 时又有一个误差，再经（2-55）式的运算，你的误差就更大了。所以很难比得上直接用力矩传感器测量。像前面介绍的测量位移值 Δy，乘一个系数就是力矩了。不必走那么多的弯路。

二、起重量限制器

起重量限制器是限制起重量的。其作用一是保护电机，不至于让电机过多超载；再一方面是给出信号，及时切换电机的极数，不至于发生高速档吊重载，防止起升机构出现反转溜车事故。起重量限制器同样也是一个很重要的安全保护装置。

我们知道：异步电机起不动时，其转差率 $\varepsilon=1$，此时电机负荷很大，电流很大，发热现象特别严重，发出嗡嗡的响声。一台电机如果处于这种状态的机会太多，绝缘就很容易破坏，电机很容易烧毁。塔机的机构多在高空，烧坏一台电机，更换起来是很费事的。所以工地上对保护电机是很值得高度重视的。另一方面，塔式起重机的起升机构，多为变极调速，所用的电机多为变极多速电机。这种电机设计时往往是低速段取恒力矩，高速段取恒功率。也就是说中速和高速下功率相等，中速重载，高速轻载。比如 4/8 极组合，4 极同步转速 1500r/min，8 极同步转速是 750r/min，如果 8 极能吊 4t，4 极就只能吊 2t。当你吊一件物品，你开始并不知道是多重，例如说是 3.2t 重，你用 8 极吊起来了，你还想快一点，就打高速，显然超载了。这时就有发生反转下溜的危险。但如果你有 4 极下的起重量限制器，它就会自动给你切断高速，打回 8 极中速，并没有什么危险。但如果你没有调好起重量限制器，那就要看司机会不会处理了。有经验的司机明白，高速下滑赶紧打回中速，中速下滑就打到低速，就不会有危险。然而没有经验的司机，就不一定处理得好，就会出事故。某工地有位司机，起吊一个不知重量的物体，起重量限制器没有调好。他开始用低速吊起来了，慢慢加大速度档，到第四档，发现重物缓慢下滑，他凭直觉，认为是速度不够才下滑的，以为加快提升速度就不会下滑了，于是将速度打到 5 档，5 档是 4 极提升，4 档是 8 极提升，结果自然提不起来，反而变成重物快速下滑，最后导致不应有的事故损失。这件事说明起重量限制器还是很重要，也说明我们的工作人员要多懂一些科学道理就可以减少失误。

起重量限制器多种多样，但其工作原理，归根结蒂，仍然是控制起升钢丝绳的张力。其实质还是一个张力限制器。对于上回转塔机，较新式的起重量限制器的构造大体如图 2-27 所示。

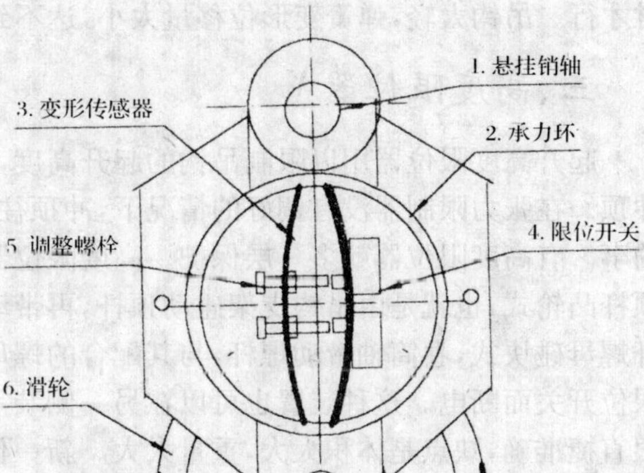

图 2-27　起重量限制器

起重量限制器由销轴、传感器和导绳滑轮等组成。起升钢丝绳，从塔帽上的滑轮下来以后，穿过传感器下面的导绳滑轮，再引入变幅小车上的滑轮槽。传感器的上端，用销轴装在回转塔身顶部，下端用销轴与滑轮架连接。传感器本身是个圆环形体，里面装 2 块弓形簧片，簧片的构造有点类似力矩限制器的弓形板。簧片上分别装有限位开关和触动板。当起升绳受张力时，传感器的圆环被拉成椭圆形，带动两簧片纵向伸长，横向收缩，产生相对位移，与力矩限制器道理完全一样，这个横向位移比伸长量大得多，故可以带动微动限位开关动作，而且其精度可完全满足要求。

下回转塔式起重机张力限制器的构造大体如图 2-28 所示。起升钢丝绳从下面平衡臂上的起升卷筒出发，绕过张力限器上的滑轮，引入到顶架前面的导向滑轮，再引入到变幅小车的滑轮上。张力限制器的架体和摆杆组成一杠杆系统，当起升绳受到张力时，摆杆向下摆动，通过杠杆作用使弹簧受压，弹簧顶端的压板产生的位移与弹簧力成正比，也与起升绳所

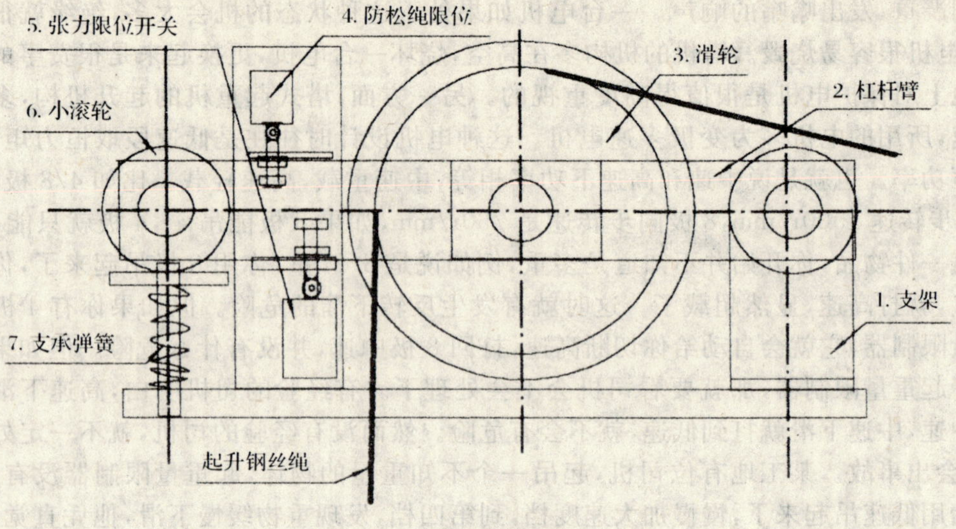

图 2-28　张力限制器

受的张力成正比，这个位移足可控制行程开关的动作，足可以控制张力的大小。而且当吊钩落地，钢丝绳松弛时，弹簧会回弹伸长，压板上移，如果在压板上侧安装一限位开关，此时又会把下降回路断电，防止钢丝绳松绳和乱绳。但这一功能只有当吊钩重量达到 80kg 以上时才行。吊钩太轻，弹簧变形位移量太小，达不到精度要求。

三、高度限位器

起升高度限位器用以限制吊钩的起升高度，以防止吊钩上的滑轮碰吊臂。也就是防止冲顶。在张力限制器没有调好的情况下，冲顶往往会绞断钢丝绳，吊钩会掉下来，这是危险的事。有高度限位器就多一层保护。高度限位器也有多种多样，较老式的高度限位装置，有顶杆凸轮式，也就是由吊钩支架碰动顶杆，再带动凸轮摆动，碰动起升限位开关断电；还有螺杆螺母碰块式，卷筒轴带动螺杆，与其配合的螺母装在碰块内，随螺杆转动而平移，碰动起升限位开关而断电。这种装置也可以在另一侧装下降限位，以防止松绳乱绳。老式限位装置很直捷准确，缺点是体积太大，重量太大。新一代的高度限位器是用多功能限位器。所谓多功能限位器，是一个特制的精密的蜗轮蜗杆装置，具体可参见图 2-29。

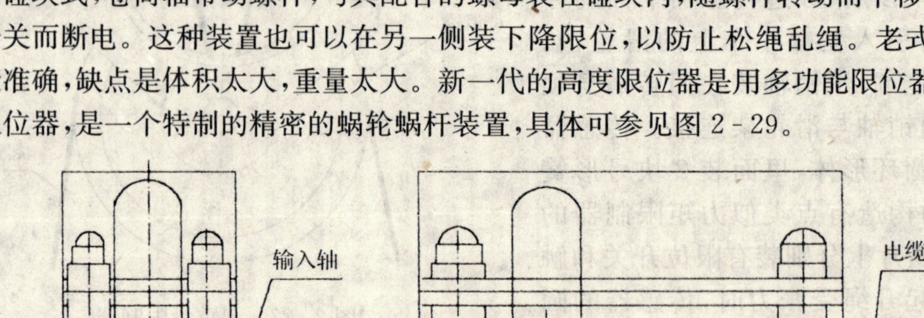

图 2-29　多功能限位器

其蜗杆伸出轴为输入轴，可以通过一对开式齿轮与卷筒轴相连，也可直连卷筒轴，这要看传动比的需要。蜗轮轴上可以装两个或4个凸轮片，当蜗轮转动时，带动凸轮片，控制微动限位开关，或断开或闭合，随电路控制要求而定。所有这些东西，都装在一个特制盒里，可以保护其精密运转。这样一个小小的限位装置，可以用在各种场合，起升、变幅、回转都可用，故称多功能限位器。有了它，就可以实现批量化生产，不再单独设计制作各种各样的限位器。但是这种限位装置在传动比特别大时，精密度就要下降。这不是它的缺点，所有控制器都有这个问题，控制范围越大，细部就不可能很精密。所以应用时要多加注意，要合理选择传动比。

四、变幅限位器

老式塔机的变幅限位器，采用碰块直接触动限位开关。小车臂架式的小车上就装有碰块，臂头和臂根都装有限位开关，对小车向外和向内行走都有限位。动臂式塔机变幅时，臂架本身就会改变仰角，这样也可以用限位开关来限制角度的变化。这种直接触动很直捷，也较准确，但电线要拉得很长，调节要在不同位置进行，不很方便。自从有了多功能限位器以后，都可用多功能限位器。只要把其输入轴与卷筒主轴连接起来就可。

五、回转限位器

回转限位的目的是防止单方向回转圈数过多，使电缆打扭。老式塔机的电缆有带集电环的回转接头，就像电机转子滑环一样。这样不仅成本高，而且安装也不方便。有了回转限位，就可防止单方向扭转，电缆回转接头就不必要了。现在的回转限位几乎都使用多功能限位器。其回转运动的输入是在上回转支座上装一个支架，在支架上安装一个带钢板齿轮的多功能限位器，该钢板齿轮与回转支承的大齿圈开式啮合，钢板齿轮的轴与多功能限位器的伸出轴相连，正如图2-30所示。当塔机回转时，大齿圈带动钢板齿轮转，从而带动限位凸轮，通过微动开关对回转机构的电路加以控制。

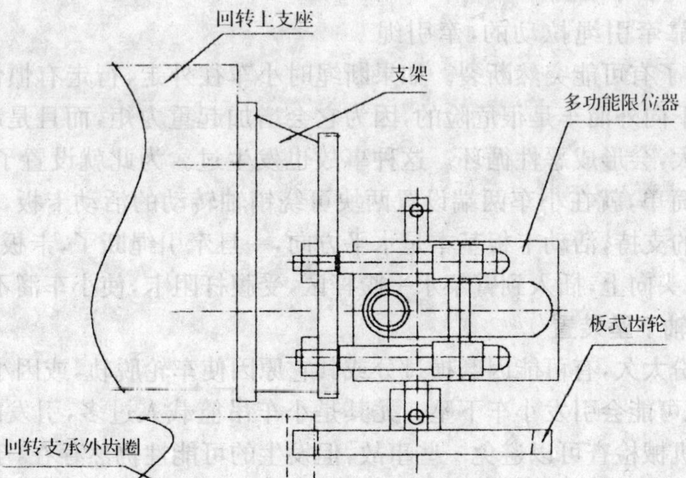

图2-30　回转限位器

六、大车行走限位和夹轨器

轨道行走式塔机，在靠近轨道的终点要设阻车器，阻止大车超越范围。但是大车惯性很大，不能硬性阻车，故在离阻车器前面一段距离就要设限位开关，切断行走电路电源，以让大车提早停车。

塔机大车除了行走限位以外，还必须防止大风将塔机吹走，以免造成倒塔事故。所以行走式塔机还要设夹轨器。夹轨器分手动式和电动式两种。

手动式夹轨器如图 2-31 所示。它主要是由支座、销轴、螺杆、手轮和夹轨钳等组成。转动手轮带动螺杆就可以使夹轨钳锁紧或松开。

电动式夹轨器，是一台小电机带动齿轮传动机构使螺杆转动，然后通过螺母套压缩杠杆机构而使夹轨钳夹紧或放松。这种电动夹轨器可通过电气联锁，当塔机行走机构停止后，延迟一小段时间，夹轨器再自动锁紧。

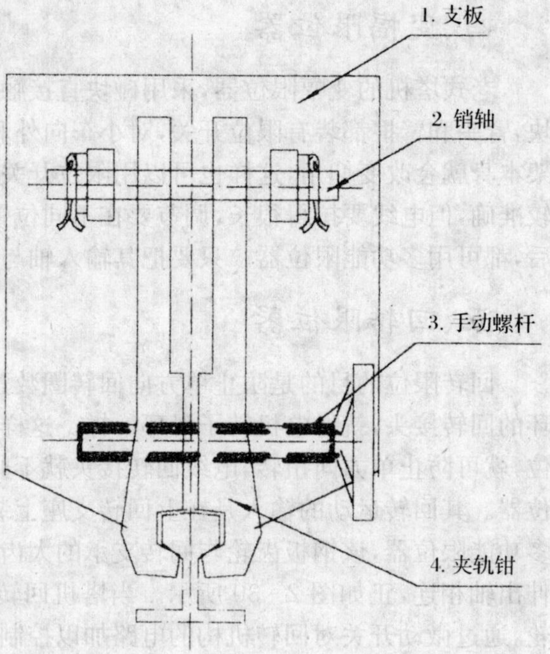

图 2-31　手动式夹轨器

七、其他安全装置

除了前面介绍过的专用安全装置以外，塔机还有一些别的安全装置。这些另外的安全装置，不是每台塔机都有，但都是实际使用的经验总结，装上它自然有好处。现简单介绍如下：

1. 防牵引断绳溜车装置

臂架小车是靠牵引绳拉动的，牵引绳一般较细，使用久了有可能突然断裂。如果断绳时小车往外走，行走有惯性，就有可能向外溜车。重载情况下向外溜车是很危险的，因为它会增加起重力矩，而且是起重力矩越大，往外溜车趋势也越大，会形成恶性循环。这种事故也发生过。为此就设置了防牵引断绳溜车装置。该装置很简单，就在小车两端设置两块可绕销轴转动的活动卡板，如图 2-32 所示。平时由于牵引绳的支持，活动卡板基本是水平方向，一旦牵引绳断了，卡板失去支持力，重的一头向下，轻的一头向上，插入到臂架水平腹杆区，受腹杆阻卡，使小车溜不动。

2. 防小车断轴下坠装置

塔机工作年份太久，有可能因磨损过分或其它原因使车轮脱轨，或因小车轴原材料缺陷而断裂，这种状况可能会引发小车下坠。尤其是小车吊篮载人过多，引发的事故会更严重。尽管靠用户加强机械检查可以避免一些事故，但发生的可能性仍然存在，于是有一些厂家就增加了防断轴下坠装置。即使一个小车轮掉了，也不至于下坠，减少了事故发生的可能性。防断轴下坠装置也很简单，实际上只要在小车支架的边梁上加 4 块槽形卡板，每个角用一块。让臂架主弦杆导轨嵌入其中，但每边留 5mm 的间隙，卡板并不接触导轨。平时使用没

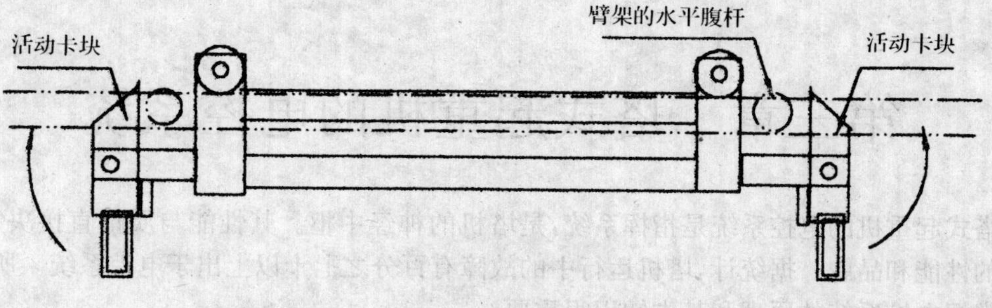

图 2-32　防牵引断绳溜车装置

有任何影响，一旦那一边下落或抬起，槽形卡板就会与导轨接触，阻止下落或抬起。确保小车运行脱不开臂架轨道。

3. 夜间防撞警示灯

高塔应该设防撞警示灯，以免发生航空灾难。

4. 风速仪

高塔风力特大，标准规定 6 级风以上不许作业，4 级风以上不许顶升加节，所以风速仪也是塔机重要的安全装置。

5. 避雷针

50m 以上高塔，应该设置避雷针，以防雷击和塔机产生过大的静电感应。

塔机安全装置是随着科技的进步而不断进步和创新的。用户应当欢迎新的安全装置，尤其是监控显示装置。所谓监控显示，就是塔机一工作时就能显示出它所处的状态，比如起重力矩是多少，起重量是多少等等，使司机随时做到心中有数。这是非常重要的安全装置，但是需要我们的用户接受，而不要认为这会增加成本就不想要。我们现在已比国外落后不少，再不在这方面下功夫会更落后。这必须要用户理解配合，改变观念，肯于接受新东西。

第三章　塔式起重机的电控系统

塔式起重机的电控系统是指挥系统，是塔机的神经中枢。其性能与质量直接决定一台塔机的性能和品牌。据统计，塔机运行中的故障有百分之七十以上出于电控系统。所以，学习和掌握电控系统的原理和基本知识很重要。

第一节　塔式起重机对电控系统的特殊需要

塔式起重机的电路系统，由动力电路和控制电路两大部分组成，这和其它电力拖动系统差不多。但塔机的工作环境、工作条件和需要完成的任务，决定它与别的电力拖动系统又不一样。塔式起重机对电气系统的要求具有如下一些特点：

1. 塔式起重机长期在野外工作，真是日晒雨淋，环境条件很不好。冷的时候零下几十度，热的时候零上 40 多度。所有的元件易于老化、失去绝缘性能或者锈蚀、接触不良。因此塔机电控系统如果用一般的室内电路系统元件就不太适用。

2. 塔机作业是高空作业，危险性大，安全要求高。这就决定塔机电气系统的元件，可靠性要高。如果故障率过高，关键时刻操作失灵的机会增加，容易发生事故。

3. 塔式起重机作业范围大，调速范围宽，高速与低速比值可以达到十几倍，这就给交流调速提出了较高的要求。塔机电控，很大一部分精力就用在交流调速上。

4. 塔机的起升系统，是满载起动，空中提升，既要克服重力，还要克服惯性力，所以起动性能要好，不仅起动力矩要够，而且起动电流冲击又不能太大，加上塔机常常用变极调速，切换速度就是重新起动，普通电机适应不了这一要求。常规起动方法也不能用。故起动方法也是电控系统中一个重要环节。

5. 塔机回转机构、行走机构，都是惯性力特大的拖动机构，既要平稳起动，又不能快速制动。它的拖动特性要软，变速要柔和，这也给电气系统提出特殊要求。

6. 由于塔机安全要求高，正确的操作程序和怎么防止失误就显得特别重要。

7. 为了保障塔机安全运行，安全保护装置设置较多，这些保护装置大多都与电控限位开关有关。而且电控系统本身还有自己的安全保护措施。

8. 为了保障塔机的安全，减少事故，怎么样应用现代化电子技术、计算机技术、数码信息技术、图象技术、智能化技术，成了塔机电气系统研究的新课题。

下面我们抓住塔机电气系统调速、起动、制动和电气安全设施分别加以介绍。

第二节　电力拖动调速的主要方式及发展趋向

电力拖动系统的调速，可以分直流调速和交流调速两大系统。大家知道：直流电机调速主要靠改变励磁电流的大小进行调速，因而很容易实现大范围无级调速。但直流电机不容易变压和远距离送电，现场直流电并不容易获得，所以过去直流电机应用范围很小。但现在可控硅技术的应用，直流电不一定要发电机组供电了，用可控硅直接整流也可得到直流电，那么直流电机调速是否可用于塔机，也还是可以探讨的。但现在还很少有人去作这方面的工作。在这里，我们主要介绍交流调速的电力拖动系统。

一、变极调速系统

在塔式起重机中，为了满足其较宽的调速范围，经常使用多速电机。所谓多速电机就是把定子绕组按不同接法就形成不同极数，从而获得不同的转速。在中、小型塔机中，常用鼠笼式多速电机，这就是所谓 YZTD 系列的塔机专用多速异步起重电机。鼠笼式多速电机，型号、规格已比较多，双速的有 4/16、4/12、4/8 组合，三速的有 4/8/32、4/6/24、2/4/22。变极调速的鼠笼电机，由于受起动电流的限制，功率在 24kW 以下比较适用。功率过高，对电网电压冲击比较大，工作不太稳定。在中等偏大型塔机中，起重量在 8t 以上，起升速度在 100m/min 左右，24kW 电机就不够用了，如果还用鼠笼电机变极调速就不太适用，于是就改为绕线式电机变极调速。因为绕线式电机的转子可以串电阻，降低起动电流，提高起动力矩，减少对电网的冲击，故可以增人功率，现在实际已用到 50kW 左右。不管是鼠笼式还是绕线式，其变极方法基本上是定子绕组采用△-Y 形接线法。其原理图如图 3-1。

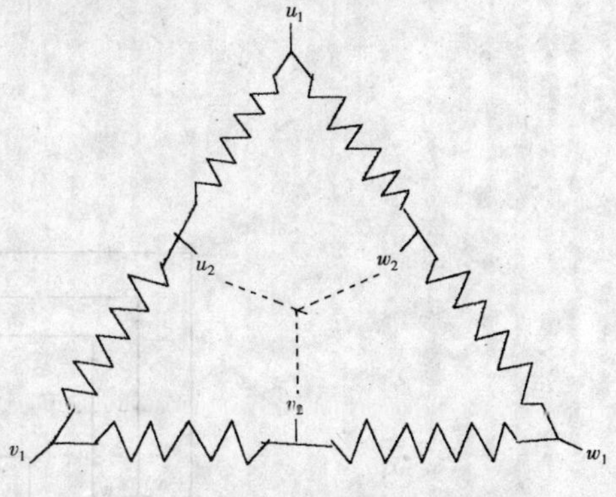

图 3-1　△-Y 形变极调速原理图

定子绕组有 6 个接线头，即 u_1、v_1、w_1 和 u_2、v_2、w_2。当把三根火线接入 u_2、v_2、w_2 时，就是△接法，每个相串联两个绕组，这时极数多，为低速；当把火线接入 u_1、v_1、w_1，并把 u_2、v_2、w_2 三点短接，就是 Y 形接法，每个相并联两个绕组，最后都通到中线，这时极数少，为高速。当然绕组内阻的匹配都是计算好的。

三速鼠笼式电机，还有一个低速极，比如说 32 极，就不太好搞混合绕组，即使搞了其工作效率也不怎么好，于是就单独搞一个绕组。不过这个绕组功率小，电流也小，还好处理。绕线式电机的低速，就不是另搞绕组了，而是在其转子绕组上串电阻，软化其起动特性，同时在转子轴上加一个蜗流制动器，强行把转速拉下来。这时电机的负载是很大的，电流也很大，只有串了电阻的转子才能受得了，鼠笼型转子和不串电阻的绕线转子都不得加涡流制动器，不然很容易烧坏电机。这是非常重要的知识，很多工地不了解这一点，没及时解除涡流制动器的励磁电流，结果把电机烧坏了。

变极调速的控制电路，当然要满足两方面的要求：一是定子绕组，要及时断掉原来的绕组供电，同时要立即接上另一个极数的绕组。先断后接，时间差很短，只零点几秒。不容许两套接法同时通电，否则就会短路。所以各种接法要互锁，接通这一种必须锁住另一种不能让其接通。时间长了也不行，因为时间长会引起电机失去驱动力，重物会下滑。二是绕线电机的转子电路，要及时串上电阻，又要接通涡流制动器的励磁电流，使获得一个低速。随着速度档数的增加，又要切断涡流制动器的励磁电流，然后一步步切除转子绕组上所串联的电阻。不切断涡流制动器的励磁电流，只减小电阻值是危险的事，容易烧坏电机。建议只有最低档接涡流制动器，第二档切除涡流制动的励磁电流，第三档切除部分电阻，第四档切除全部电阻，第五档从 8 极跳到 4 极。这是比较安全的接法。

图 3-2 是典型的三速鼠笼电机的电控线路图。上半部分是动力电路，下半部分是控制电路。从图上可以看出：当按下起动按钮 SB1 时，如果各操作手柄都处于中位，这时总接触器 KM1 合上，控制电路才会有电。当按下停止按钮 SB2 时，总接触器 KM1 断电，控制电路就断电，这就是紧急停止。但是这种操作只有在紧急情况下才用，一般情况不应这样使用，

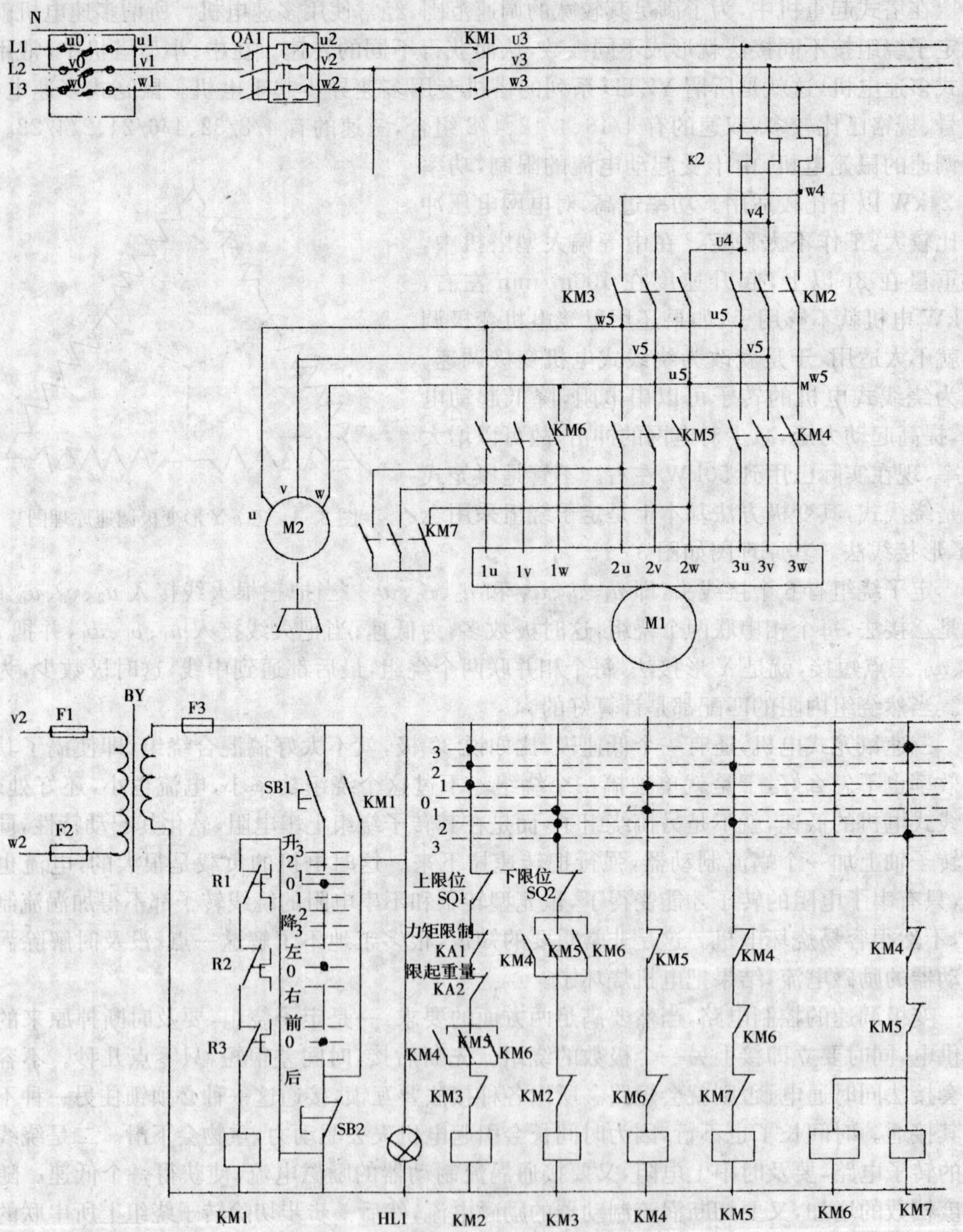

图 3-2　三速鼠笼电机电控线路图

而应先停止各种操作，然后才关总停。当主令控制器打到上升第一档时，接触器 KM4 和 KM2 相继闭合，起升机构低速上升；当主令控制器打到上升第二档时，接触器 KM5 和 KM2 相继闭合，电机定子绕组为△形接法，起升机构以中速上升；当主令控制器打到上升第三档时，接触器 KM6、KM7 和 KM2 相继闭合，电机定子绕组为 Y 形接法，起升机构就以高速上升。如果要停车，也应是先从高速档打入中速，再打到低速，最后停车。当要下降时，先打到下降一档，接触器 KM4 和 KM3 相继闭合，起升机构低速下降。当主令控制器打到下降二档时，接触器 KM5 和 KM3 相继闭合，起升机构以中速下降；当主令控制器打到下降三档时，接触器 KM6、KM7 和 KM3 相继闭合，起升机构高速下降。控制电路中的常闭触头，都是安全装置的限制器或继电器触头，也就是所谓安全条件保障。当然还有一些常闭触头，是为了防止主电路短路而设置的，实际上还是为了安全。

图 3-3 是典型的双速绕线带涡流制动的电控线路，从图上可以看出：当主令控制器打

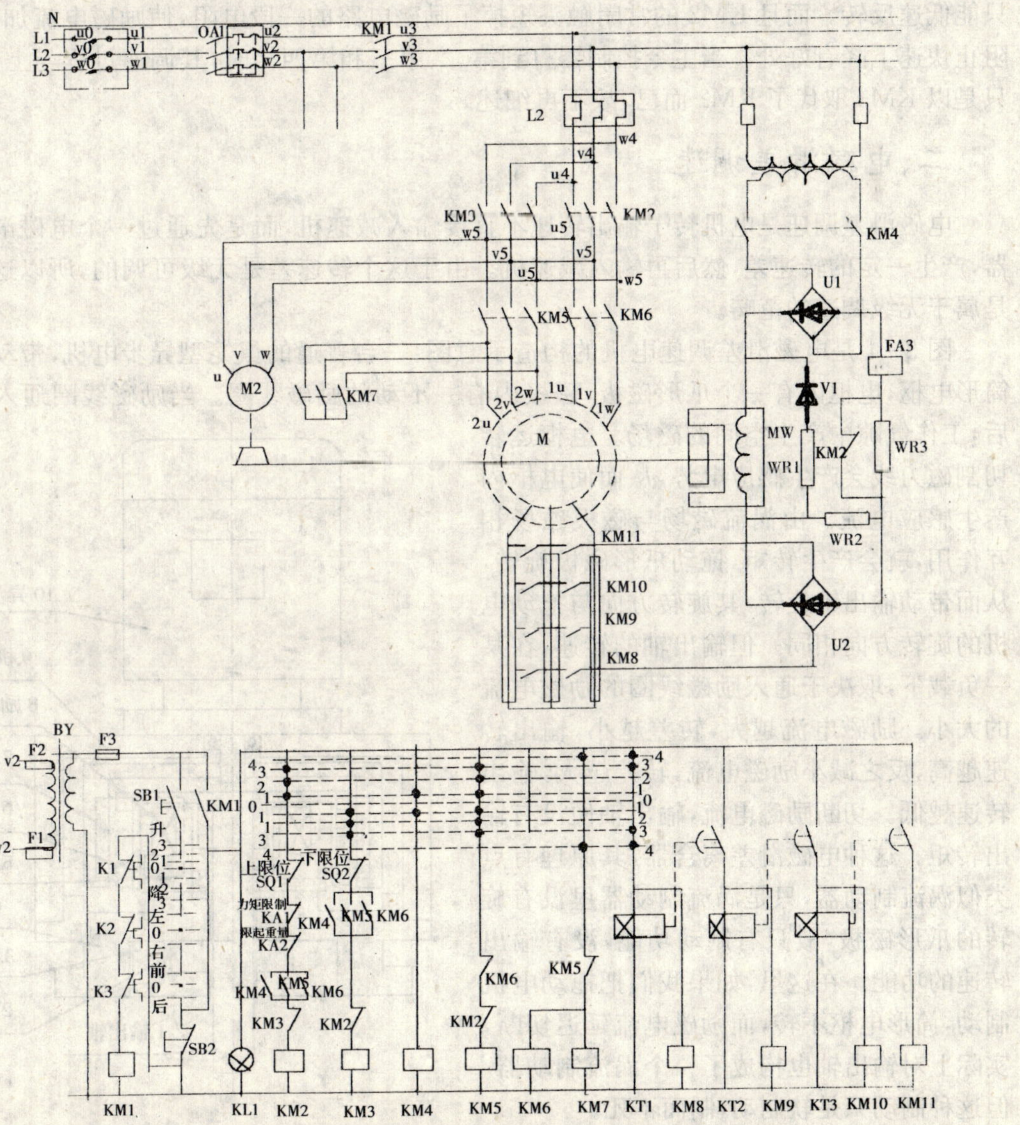

图 3-3　双速绕线带涡流制动电控线路

到上升第一档时，接触器 KM4、KM5 和 KM2 相继接通，电机定子绕组为△形接法，起升机构本来应以中速上升，但是由于此时，KM4 把涡流制动器的励磁电路也接通了，涡流制动器强行把电机拉到低速，此时绕线转子的电阻全部串接，以减小工作电流。当主令控制器打到第二档时，接触器 KM4 断开，电机串电阻运行，速度为次低速，这两档速度都不可以运行过长，否则发热严重；当主令控制器打到上升第三档时，接触器 KM8 和时间继电器 KT1、KT2、KT3 相继接通，接着接触器 KM9、KM10 和 KM11 也相继接通，电机转子上的电阻一段段被切除，最后电机真正进入中速，这一变速过程是很柔和的。第三档可以长时间运行。当主令控制器打到第四档时，接触器 KM6、KM7 和 KM2 相继接通，电机定子为 Y 形接法，起升机构进入高速运行。在切换过程中，由于电机转子有复合绕组，在高速下阻抗较大，所以切换电流可以降低。停车过程同样要一步步切换到停止。当主令控制器打到下降一档时，接触器 KM4、KM5 和 KM3 相继接通，电机本应中速反转，但涡流制动器强行拉住它，使只能低速反转。而且 KM2 的常闭触头短掉了励磁电路的一段电阻，使励磁电流加大，这对阻止快速下降有好处。当主令控制器打到第二、第三和第四档时，其调速过程与上升类似，只是以 KM3 取代了 KM2 而已，故不再细述。

二、电磁滑差调速

电磁滑差调速是电机转子输出转速不直接输入减速机，而是先通过一个电磁滑差离合器，产生一定的转速差，然后再输入减速机。由于这个转速差是无级可调的，所以这种方案是属于无级调速的范畴。

图 3－4 是电磁滑差调速电机的构造示意图：一台普通的鼠笼型异步电机，带动一个圆筒形电枢，电枢内有一个爪形磁极，磁极内有一不动的励磁线圈。当励磁线圈通入直流电后，工作气隙中产生空间的磁场。电枢运转切割磁力线会产生感应电势，从而使电枢内产生感应电流。由涡流磁场与磁极磁场相互作用，就会产生转矩，拖动爪形磁极旋转，从而带动输出轴旋转，其旋转方向与拖动电机的旋转方向相同。但输出轴的转速，在某一负载下，取决于通入励磁线圈的励磁电流的大小。励磁电流越大，转差越小，输出转速越高，反之减小励磁电流，转差越大，输出转速越低。切断励磁电流，输出轴便没有输出转矩。这种电磁滑差离合器，其原理有点类似涡流制动器，只是涡流制动器里没有旋转的爪形磁极，故只有制动功能，没有输出转速的功能。在这里，如果我们把拖动电机制动，筒形电枢不转，而励磁电流延迟切断，实际上对输出轴也构成了一个涡流制动器。但这种制动只是软制动，制而不死。

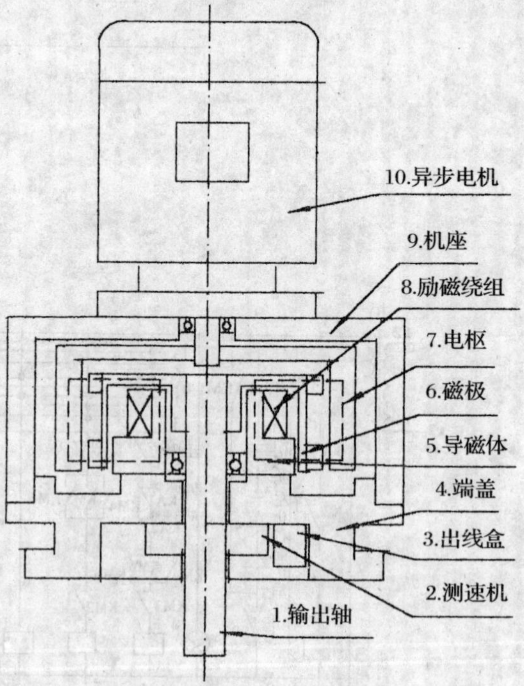

图 3－4　电磁滑差调速电机构造示意图

值得指出：电磁滑差调速虽然是无级调

速，但它不适合即时满载起动，所以在塔机起升机构里不适用。但它的这一特性却适合于回转机构的无级调速，通过调整励磁电流把回转力矩和转速一步步加上去，不会有多大冲击。如果拖动电机用锥形转子电机，断电后自行制动，而把励磁电流延迟断开，即可柔和地实现回转制动。这正是塔机回转所需要的。这样作控制线路也很简单，可以开发应用。

三、调压调速系统

在起升机构里我们已经讲过：调压调速是根据异步电机的 $M-n$ 特性曲线，在一定的负载下，改变电压，就会获得某一相应转速的原理而设计的。但是现代的调压不是过去的调压器的概念，现代调压技术，是将六只可控硅串联在三相交流电路中，控制导通角的大小，来调节三相异步电动机定子绕组的供电电压的大小，从而实现电动机转速的无级调速。在整个过程中，电机可能工作在电动机状态、发电机状态和反接制动状态，但必须保证外载荷力矩与电磁力矩的平衡，这是一个不断的调节过程。这个过程完全由电子设备来完成。由于调压调速的范围比较有限，所以有时把调压调速与变极调速结合起来应用。

图 3-5 是一个典型的调压调速与变极调速相结合的起升机构的大范围无级调速系统框图。虚线框中为调速控制装置。指令控制器为驾驶室的起升机构操作手柄，控制指令由这里发出；CD 为测速发电机，它测出电机实际转速，从而可以输入控制单元与设置值作对比，以决定是要升压还是降压；MD 为起升机构驱动的交流多速电机，它与测速电机 CD 连轴。操作主令控制器的手柄，将要执行的指令信号输入微机控制单元。指令信号包含了一系列指令内容：启动、正转、反转、升速、降速、是否变极、是否要制动等，微机控制单元接受指令信号，并综合重量信号及速度信号，即根据吊钩的吊重量和电机的工作状态，连续控制电子调压器、电机旋转方向及变极对数，使电机工作在指令信号所要求的状态下，并得到所需的调速外特性。电机在不同的外载荷、不同的速度和方向下，就会工作在不同的状态（也即电动、发电、反接制动）和不同的极对数下，从而实现起升机构所要求的低速恒转矩、中、高速恒功率的调节。

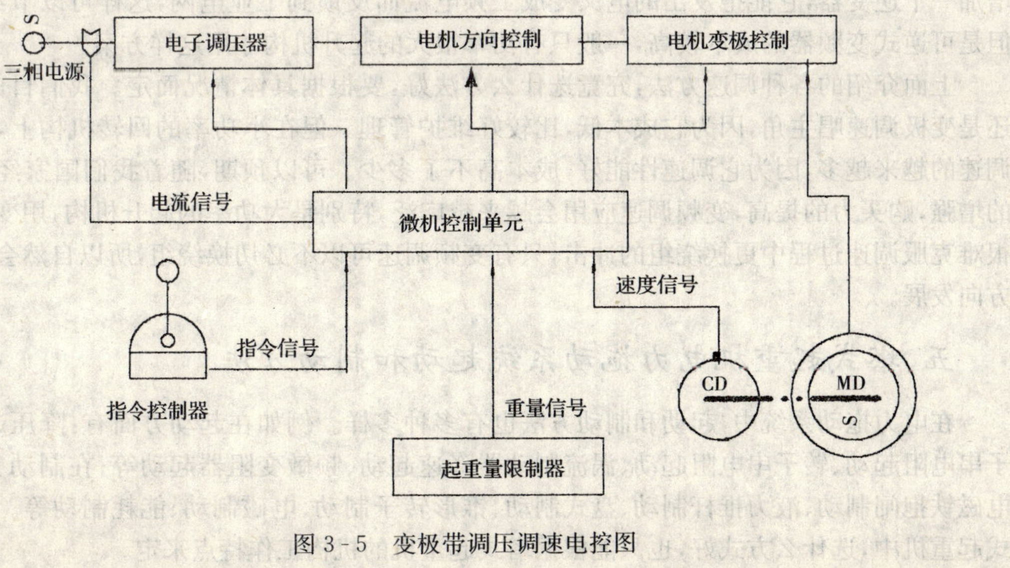

图 3-5　变极带调压调速电控图

四、调频调速电气系统

可控硅技术的发展和应用，使我们完全可以改变依靠发电机组去改变频率的办法。现代变频技术是靠可控硅把交流电变为直流，又是靠可控硅把直流变成另一频率的交流。整个装置可以装在一个较小的盒内或柜内，形成高度集成化的产品，这就是变频器。

变频调速系统就靠用变频器改变输入交流电机的电源频率，从而改变定子绕组中旋转磁场的转速来达到调速的目的。作为变频技术在塔机上的应用，我们无须去追究变频器本身的构造，只要了解变频调速系统的接线回路就可以了。图3-6是一个典型的变频调速电路系统图。工业频率电源经过输入接触器后，首先进入进线滤波器和进线电抗器，以去除干扰电流，再进入变频器中的整流器，变为直流电。然后又经过可控硅堆，变为可改变频率的三相交流电，再经过输出电抗器和正弦波滤波器，才进入输出接触器，最后再进入变频电机的绕组。变频器内，还设有相序控制端子，改变相序，也就改变了电机绕组旋转磁场的方向，从而达到使电机正转或反转的目的。

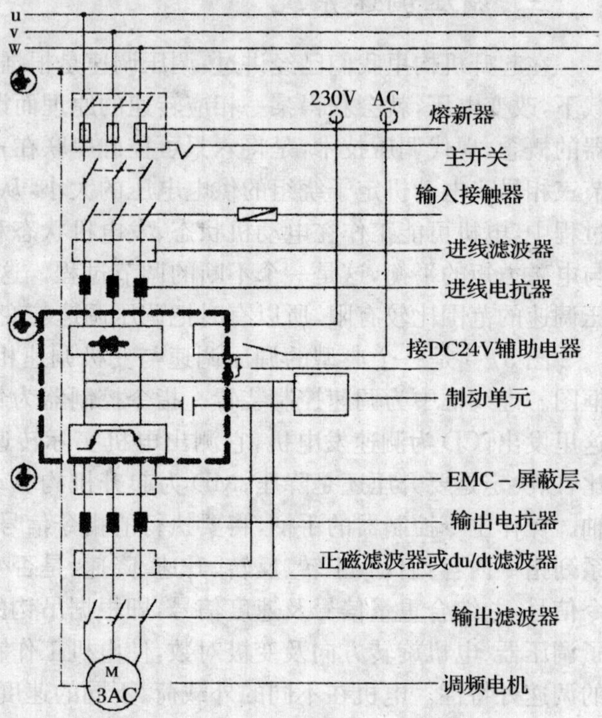

图3-6　变频调速电路系统图

对于能耗式的调频调速，由机械能转变成电能。就在电阻上变成热能而消耗掉。如果增加一个逆变器，它能把发出的电又变成工频电流而反馈到工业电网，这样可以节约能源。但是可逆式变频器的成本较高，一般只有功率很大的起升机构才用这样方案。

上面介绍的各种调速方法，究竟选什么方法好，要根据具体情况而定。我们目前阶段，还是变极调速唱主角，因为它成本低，比较好维护管理。但在小功率的回转机构上，用变频调速的越来越多，因为它调速性能好，成本高不了多少。可以预期，随着我们国家经济实力的增强，购买力的提高，变频调速应用会越来越广泛，特别是大功率的起升机构，用变极调速很难克服调速过程中更换绕组的冲击，只有变频调速可以不必切换绕组，所以自然会向这个方向发展。

五、塔式起重机电力拖动系统起动和制动方法

在电力拖动系统中，起动和制动方法也有多种多样。例如在起动方面有：降压起动、定子串电阻起动、转子串电阻起动、涡流制动器降速起动、频敏变阻器起动等；在制动方面有：电磁铁抱闸制动、液力推杆制动、盘式制动、锥形转子制动、电磁制动、能耗制动等。但在塔式起重机中，选什么方式好，也只能根据塔式起重机的机构工作特点来定。

1. 塔机起升机构

塔机起升机构要保证重物吊在空中能随时起动上升和下降，下降时又要准确制动不溜车。所以降压起动不能用，只能靠增加转子的阻抗。鼠笼电机用合金铸铝，绕线电机外加电阻和涡流制动器。当然如果用了变频器，起动的转速问题也就同时解决了，加速度也不会大，电流冲击和惯性冲击都很小，这也是变频的突出优点。起升机构的制动，看来只有液力推杆制动是最可靠的制动，其它制动方式都不太合适。盘式制动虽然很紧凑，但在起升机构中经不起那种强力制动的磨损，使用寿命短，常要更换摩擦片，在起升机构中不宜推荐使用。

2. 塔机回转机构

塔机回转机构的起动和制动特别要防止惯性冲击，因此特性要柔和，加速度和减速度都要小。回转机构功率又不大，因此用串电阻起动较合适，或者带上涡流制动器更好。小塔机回转，也可用双速鼠笼式电机低速起动。当然将变频调速用于回转那也是最好的办法。回转制动，一般在操作过程中不容许急剧的回转制动，只容许柔和的制动。所以回转机构常用涡流制动器，不管是起动和制动，它都反对过快加速和降速，对回转机构很合适。小塔机回转，由于要考虑降低成本问题，不想用涡流制动器，那就可以用停车时绕组通入直流，实现能耗制动。但这种直流电必须要延时短时间后，再自动切除，以免影响正常使用。还值得指出，塔机回转机构中还有一个盘式的电磁制动器，它是常开式的，只有通电时才制动，这实际上是个定位装置，不是正常运转的制动装置。

3. 小车牵引机构

小车牵引，行走速度不很高，惯性也不很大，电机功率也不大，起制动问题都好解决。起动时一般不必采取特别的措施，制动时也不必制得太急，太急了摆动大。常用的盘式制动、锥形转子制动和蜗轮蜗杆自锁能耗制动都可以。

4. 大车行走机构

大车行走，惯性力是很大的，行走速度不高，电机功率也不大，所以电流冲击不会大。起动时要解决的问题是特性要柔和，采取的办法是加液力偶合器。在可能条件下也可采取电机软特性起动。大车制动，同样严禁急速制动，可以用盘式电磁制动器降压制动，也可以用蜗轮蜗杆自锁能耗制动。

关于塔机的起动和制动，与机构的调速往往是不可分割。调速很好的系统，起动和制动也比较容易实施。因为在低速下起动和制动总好办。反之速度太高，问题就难处理多了。故机构性能的好坏，要害仍然是调速方法的选择，这就只能根据性能与成本去兼顾考虑了。对大塔机，可以选择较高挡的办法，但对小塔机，从我国目前的经济实力来看，一定要考虑成本，否则很难大面积普及推广。

第三节　控制指令的主要传递方式

电力拖动系统可以分成动力线路和控制线路两大部分。动力线路指电机怎么与电力系统连接，也称为主回路。而控制线路是控制指令怎么发出，怎么实现对动力线路的控制。

控制电路的指令实际上就是控制系统中各回路的接通和断开，解决各回路在什么条件下该接通，什么条件下该断开，按什么顺序接通断开等问题。这就是操作程序。为了安全起见，塔机的控制回路与主回路常常用隔离变压器隔开。隔离变压器的次级线圈用低压，有

24V、36V、48V，这些都是安全电压，即使不小心触一下，也不至于发生大的事故。

一、传统控制电路

传统的控制电路最基本的元件包括接触器、中间继电器、时间继电器、起动或停止按钮、拨动开关、主令控制器等。另外为了电路的保护，还有热继电器、熔断器、失压保护、过流保护、错断相保护、接地保护、限位开关等，塔机中还有其它非位移量，如起重量、起重力矩等，也都被化为位移量，然后用限位开关去限制保护。随着建设事业的发展塔式起重机的产量在逐年增加，近十几年来，已经出现和批量生产塔式起重机联动控制台。联动控制台实际就是把塔机控制的主令控制组合起来，以实现起升、下降、回转、变幅、调速等各种指令的发出和组合。在传统控制电路里，这些指令直接控制接触器的线圈的通断，目前，我国大部分塔机仍然是这种控制电路。尤其是小塔机，为了便于普及，要适应基层电工的维护管理，这种传统控制电路比较受欢迎。

二、PLC 控制系统

随着电子技术的发展，功能比较单一的计算机芯片不断出现，用这些芯片，就可以组合出适合电力拖动控制用的计算机。所谓 PLC，就是程序语言控制系统。它是把操作者发出的各种指令，用程序语言编写出来，存储在计算机芯片中。这些语言规定当在什么条件与什么条件下，就可接通某个回路，当在另一种条件下，又该断开某回路。把操作过程规范化、程序化，可以减少很多失误，减轻驾驶员劳动强度，提高操作质量和效率。

一个 PLC 控制器，体积并不大，可以适应各种各样的电路系统，PLC 模块分输入侧和输出侧，它的输入侧接主令系统和其它条件信息系统。它的输出端通各个接触器的线圈，至于内部包含些什么那是制作企业的事，用户不必去仔细搞清楚。但 PLC 用得好不好，与程序设计编制人员关系很大，所以仍需要很好的实践经验，与电路系统设计合理也有很大关系。图 3 - 7 就是用 PLC 控制三速电机的控制线路图。在图中，端子 X0、X1、X2、X3、X4 和 X5 就是指令输入，端子 X14 输入起重量限制、力矩限制和起升高度限制条件，X15 输入下降限位条件，X32 输入任何一档主电路都不能是接通状态的先决条件，不管是什么原因造成的主电路断不开，比如某接触器触头烧熔在一起，这时就不能执行另一个指令，否则主电路就会短路。这样作就可以保障安全。在输出侧，端子 Y4、Y5 管 KM2 的接通，端子 Y6、Y7 管 KM3 的接通，端子 Y10、Y11 管 KM4，端子 Y12、Y13 管 KM5，端子 Y14、Y15 管 KM6，端子 Y16、Y17 管 KM7 的接通。每个接触器要两个输出端子管，是因为它们的接通需要指令信息和安全工作条件信息。接触器 KM8 是管制动电机的，不要什么先决条件，所以只要一个端子 Y20 就可以了。

三、数码信息传递控制方式

塔式起重机是安全保护要求很高的机械设备。尽管设计者和制作企业想出了不少办法来保障安全，然而因各种原因，每年仍要发生一些安全事故。而且一出事故，驾驶员很难幸免。因此能不能不上塔，而是采用遥控。让驾驶员带一个控制器，在他便于观察的地方进行操作，这就是一个很重要的问题。

遥控可以分有线遥控和无线遥控。有线遥控，只要把控制电线拉长，前面所述的传统控

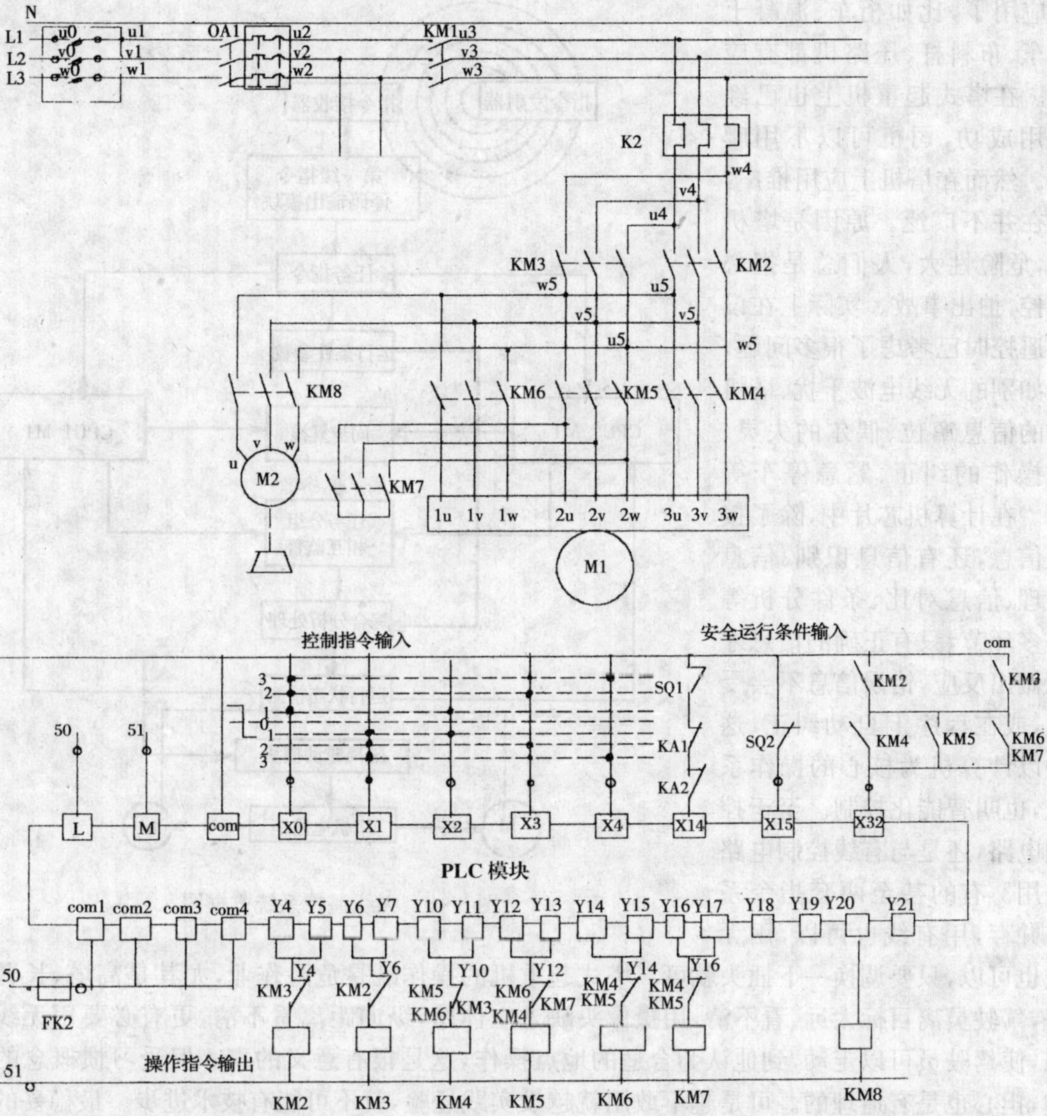

图 3-7　用 PLC 控制三速电机线路图

制和 PLC 控制都可以用，下回转塔机的活动驾驶室实际上就是有线遥控。在这里我们着重讲无线遥控，这就必然涉及数码信息传送技术。

现在大家已经把手机看得很平常了。一个小小的手机，十几个按钮，居然能传播那么多的信息，这就是数码信息的传送。无线遥控技术也与此类似，当我们按一个遥控器的按钮时，不是简单的开和关，而是代表发出某一个数码信息。这个信息用无线电波发出去，发送距离并不远，200 米以内足可。一个接收器收到后，经过解码器解码，就会知道这个信息的含意，然后送到相应的计算机芯片去处理，并结合其它状态监测系统送来的信息，进行分析对比，作出判断，最后发出控制指令给电控系统，这就是遥控技术的大体过程。图 3-8 是无线遥控系统的方框图。我们作为遥控技术的应用，主要注意力放在用它来控制什么，要发布一些什么指令信息，而不在于里面的构造。这正像大家都会用手机却并不懂手机构造一样。

把无线遥控技术用于设备控制，叫作工业遥控器。实际上工业遥控器在许多设备上早已应用了，比如桁车、混凝土泵车、布料杆、压路机都有应用。在塔式起重机上也已经应用成功，司机可以不用爬塔。然而在塔机上应用推广，现在并不广泛。原因是塔机高，危险性大，人们总是担心失控，怕出事故。实际上在设计遥控时已考虑了很多问题，比如别的无线电波干扰、塔机群的信息窜位、偶尔的失灵、误操作的纠正、紧急停车等等。在计算机芯片中，除了接收信息，还有信息识别、信息处理、信息对比、条件分析等许多环节，只有正确的信息才能做出反应，错误信息不会受理，或在程序上自动纠正，这种以计算机为核心的操作系统，也叫智能化控制。至于控制电路，还是与有线控制电路通用。有的甚至两套指令系统并存，用有线也可以，用无线也可以，只要调换一下插头就可。塔式起重机的操作既是危险作业，尤其是高塔，长臂架塔，驾驶员离目标太远，看不清，用摄像头缺乏立体感，纵向距离看不清，更有必要用无线遥控，使驾驶员可以走动，到他认为合适的地点操作，这是很有意义的事。但受习惯概念的影响，担心也是有道理的。可是越不敢用就越没实践经验，就不可能有技术进步。最稳妥的办法，是在下回转固定式塔机上先用，因为下回转固定式塔机的机构都在下面，平衡重也在下面，重心在下，倒塔的可能性很小。即使有个别失误环节，也不至于引起重大事故。下回转遥控积累了经验，使遥控器更完善、更安全、更可靠了，再一步步扩大推广面。

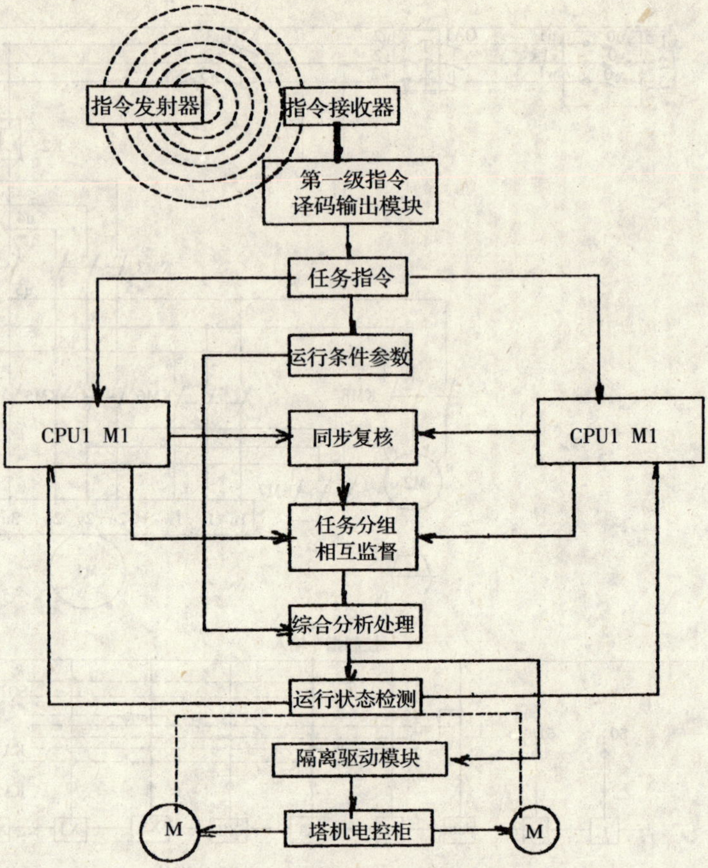

图 3-8　无线遥控系统方框图

第四节　电控系统的安全保护措施

电控系统的安全保护措施指的是对电气系统本身的保护，包括对电机、对电气元件的保护和避免人体触电等。塔式起重机是大型设备，人就在金属结构件上工作，电气系统的保护就显得特别重要，如有忽略，往往潜伏重大的事故危险。

一、主电路的保护设施

塔式起重机的主电路，通常要求设置有铁壳开关、空气开关、错断相保护器和总接触器。

铁壳开关常装在塔机底节,作为电源引入用。空气开关是安装在电控柜内或者是驾驶室内的手动开关,但它带有自动脱扣器,可以起到过流自动脱扣或失压自动脱扣的作用,从而保护整个电路不会有过流或者失压的危险。错断相保护主要是防止主电路换相或缺相给后边带来的影响。比如本来接的起升、下降、左转、右转、向外、向内,如果主电路换相,就会引起误操作,有了错断相保护,就会先把相序改过来再操作。总接触器是由驾驶员通过按钮控制主电路的接通和断开。通常的急停就是断开总接触器。总接触器的接通是受很多条件限制,比如起升、回转、牵引机构的操作手柄一定在中位,不能由于操作未准备好或停电后忘记复位,一按起动按钮塔机就开始动作。对电机的热继电器保护,其常闭触头也在总接触器回路,当电机长时间过载或局部短路而发热严重,热继电器动作,常闭触头跳开,也会切断主电源。有了上面几道保护,主电源的安全送电也就有了保障。一般主电源的开关是不要随便动的,动作次数越多,损耗越大,只有在应急时才动它。

二、对电机的保护

对电机的保护主要目标是防止短路和过热。这有三种装置:

1. 短路保护

一般熔断器和过流自动脱扣开关就是短路保护装置。三相异步电动机发生短路故障或接线错误短路时将产很大的短路电流,如不及时切断电源,将会使电动机烧毁,甚至引发更重大的事故。加装短路保护装置后,短路电流就会使装在熔断器中的熔体或熔断丝立即熔断,从而切断电源,保护了电机及其他电气设备。

为了不使故障范围扩大,熔断器应逐级安装,使之只切断电路里的故障部分。但熔断器应装在开关的负载侧,以保证更换熔断丝时,只要拉开开关,就可在不带电的情况下操作。常用的熔断器有 RC 型(插入型)、RI 型(螺旋型)、RTO 型(管式)和 RS 型(快速式)。

2. 过载保护

热继电器就是电动机的过载保护装置。电动机因某种原因发生短时过载运行并不会马上烧坏电机。但长时间过载运行就会严重过热而烧坏铁芯绕组,或者损坏绝缘而降低使用寿命。因此,在电动机电路中需要装热继电器加以保护。在电动机通过额定电流时,热继电器并不动作,当电流超过额定值 20%以上连续运行时,热继电器应在 20 分钟内动作,切断控制电路并通过连锁装置断开电源。一般热继电器的动作电流,定为电动机额定电流的 1.2 倍。

需要指出:由于塔式起重机每个工作循环周期较短,大约 10 分钟以内。因而靠热继电器动作来保护电机作用并不大,因为热继电器的热元件是靠电流值在起作用,要发生作用需要时间较长。但塔机电机发热主要在低速运行,低速散热条件差,电流未必大多少,可绕组发热严重,温度很高。特别是带涡流制动器的绕线电机,如果没有强制通风散热,低速运行是烧坏电机的主要原因。这种情况下一是最好加强制通风,再一个办法是绕组内预埋热敏电阻。当绕组温度升到一定值,就让切断控制回路,让该电机断电。这是一种较好的保护电机的办法。然而热敏电阻的动作要校准,而用户却常常忽视这种校准工作,而且一看到用热敏电阻容易断电就不愿意用它,实际这是一种违背科学的作法,是损耗性的操作。

3. 失压保护

电动机的电磁转矩是与电压的平方成正比的,也即 $N=V^2/R$。若电源电压过低,而外加负载仍然是额定负荷，那就将使电动机的转速下降，依靠加大转差率来获得所需要的电磁转矩。这时转子内感应电流大大增加，跟随着定子电流也增加。电动机长时间地在低速大电流下运行，发热严重。$N=I^2\cdot R$。这将使电机容易烧坏。所以在电压过低时，应及时切断电动机的电源。这就要求有失压保护。塔式起重机要求电源电压不得低于额定工作电压的10%。但实际上很多工地作不到，这时只能靠失压保护装置来控制。失压保护装置一般设在自动脱扣的空气开关内，还有自耦降压补偿器，也设有失压脱扣装置。在接触器的电磁线圈控制回路中，对电压也有要求，电压过低线圈磁力保不住，也会跳开。如果工地老发生这种现象，就应调整电源电压。必要时就要加大变压器的容量。

三、人身安全保护

塔式起重机主要由金属结构件组成，如果电路漏电，对人的威胁是很大的，所以电气系统必需要有这方面的保护。

1. 操作系统安全电压

塔机的控制电路，要求用电源隔离变压器把380V电压变为48V以下的安全电压，这样人接触动力电压的机会就很少了，可以提高安全保障。

2. 可靠的接地

塔机的金属结构、电控柜都要可靠的接地，接地电阻不得大于4Ω。要经常加以检查。

塔机的电源是三相四线制供电。电气系统的中线要与电源的中线接好，不可随意接在金属构件上，中线与地线(0线)要分开，以免发生意外漏电事故或三相电压不平衡。这就是三相五线制的要求。

3. 保证电气系统的绝缘良好

要经常检查电路系统对地的绝缘，绝缘电阻应当大于0.5MΩ。当然越大越好，防止意外接通金属结构件，电线电缆不要与尖锐的金属边缘接触，以防磨破发生漏电事故。

四、信号显示装置

一台塔机立起来后，总是要和周围的人和物发生关系，会影响周围环境条件，因此有必要设置信号显示装置，提醒所有相关人员的注意。

1. 电铃

塔机电气系统应装有电铃或报警器，塔机运行前，司机须用电铃声响通知相关人员，提醒注意：塔机要动作了。当塔机超力矩或超重量时，电铃也会发出响声，表示超负荷了，司机自己也就知道要小心谨慎了。

2. 蜂鸣器及超力矩指示灯

联动操作台内设蜂鸣器，当塔机起重力矩达到额定力矩的

85%～90%时，蜂鸣器和指示灯会发出响声和灯光，预先提醒司机小心操作，快到满负荷了。

3. 障碍指示灯

为避免其它物体与塔机发生碰撞，在塔机顶部和起重臂前端，各应装一个红色障碍灯，以指示塔机的最大轮廓、高耸高度和位置。这些障碍灯，在夜间停机后也应该接通。主要防止飞机撞击塔机。障碍灯应接在照明电路内。

4. 电源指示

在塔机的操作台面板上，应该装有电源指示灯和电压表，当合上空气自动开关后，总电源接通，电压表的电压就可显示出来。一般要求电压在 380±5%的范围内，才可以正常操作。当按下总开关按钮后，电源指示灯亮，表示控制系统已通电，塔机已准备好，可以正常工作。

第五节　塔式起重机安全装置的调整

至此为止，我们已经介绍了塔机的各种安全机构，也介绍了塔机的电气系统的安全保护装置。实际上所有各种安全机构，最后还是落实在电气控制系统里，对各种运行参数加以限制。所以我们就可以介绍塔式起重机各种安全装置的调整了。

一、起重力矩限制器

在第二章的安全装置里，我们已比较详细地介绍了起重力矩限制器的工作原理和构造。不管是弓形板还是杠杆弹簧式，都是把一个与力矩有关的参量变成一个便于测量和利用的位移量，正是依赖这个位移，来触动控制回路的行程开关。力矩限制器的调整方法如下：

把小车开到该塔机规定的基本臂幅度处，进行起吊作业，按该幅度标定的额定起重量，一步步加载，当塔机的起重力矩达到额定力矩的 85%或 90%时，具体选那一个可以自行设定，调整触头螺钉，使其中一个行程开关被触发，接通操作台上的蜂鸣器和力矩指示灯，用声音和灯光向司机发出预警，提醒司机谨慎操作。继续加载，当塔机的起重力矩达到额定力矩的 100%或 105%时，具体选哪个指标也可自己设定。调整另外一个行程开关触头，使接通一个中间继电器的线圈电路，由中间继电器切断起升电机上升回路的控制线圈电路，使不能起升重物，但可以下降。与此同时，中间继电器还切断变幅机构的控制回路，使小车不能向前变幅，但可以后向后。除此以外，中间继电器还接通报警电铃，发出超力矩声音警告。达额定力矩时，接通中间继电器的行程开关最好设两个，并联连接，只要其中任何一个触发即可接通中间继电器。这样可以防止行程开关失灵。两个行程开关同时失灵的机会极少，可以提高安全保障度。

二、起重量限制器

起重量限制器由一套弹簧变形装置和两个行程开关组成。起重量的大小变化转化为弹簧变形量，也即为触头相对于行程开关的位移量。调整时把小车开到起吊最大起重量的幅度范围之内，不要放在最大起重量的最大幅度处，以免与力矩限制器的信号混淆。逐步加大起重量，当起升载荷达到高速起升最大载荷的 105%时，调整触发螺钉，使起重量限制器中的一个行程开关被触发，此时电控系统就自动地切断高速而后又立即接通中速，防止电机过载溜车。继续加载，当起升载荷达到中速额定载荷的 105%时，调整触发螺钉，使起重量限制器中另一个行程开关被触发，带动中间继电器，切断起升机构的上升回路，停止重物起升，但可以下降，同时，电铃发出声音报警。

三、起升高度限位器

起升高度限位器通过装在起升卷筒轴的一端的开式传动小齿轮以及多功能限位器来实现。多功能限位器由蜗论蜗杆减速机构、凸轮、限位开关等组成。当起升机构运行时，卷筒旋转就会带动凸轮慢慢旋转，当吊钩上升到离小车上的滑轮大约 1.5m 时，调整触发凸轮片，使上升回路的限位开关动作，切断常闭触头，停止上升作业。但吊钩可以下放，如果吊钩放到落地，可以调整多功能限位器的另一个凸轮片，使下降回路断电，防止继续下放而造成松绳乱绳。

四、回转限位器

回转限位器是通过装在回转上支座一侧并与回转支承外齿圈啮合的一套开式齿轮以及多功能限位器来实现。使塔机向某一侧回转约 1.5 圈，调整多功能限位器的一个凸轮片，使触发行程开关，断掉该方向电路。反过来再回转约 3 圈，调整另一个凸轮片，触发另一个行程开关，切断另一方向的电路。

五、变幅限位器

变幅限位器是通过装在牵引卷筒轴端的传动装置和多功能限位器来实现的。先使小车向外开，离臂端约 1 米时，调整多功能限位器的一个凸轮片，使触发向外变幅的限位开关，断掉前进电路。反过来让小车内开，当离臂根约 2.5 米时，调整另一凸轮片，使触发另一行程开关，停止向内继续行走。

六、行走限位

带行走台车的塔机一定要设置行走限位。行走限位开关一定要置于轨道阻车墩之前 5 米以上，使能提前停车，不至于因惯性行走使大车碰到阻车墩。

安全机构的调整通常由熟悉电路的人员去执行，其他人员不得轻易去动行程开关。

第四章 塔式起重机的安装和拆卸

塔式起重机的安装和拆卸，首先要满足施工的要求，又要注意周围的环境条件，不能造成干涉、碰撞、触电和损害邻居利益的事，还要注意地形、地貌、土质情况，是否适合打基础和铺设轨道。安装塔机前，一定要细密规划，事先要估计到可能发生的问题，不能等到装起来以后才发现问题，这样损失太大。安装和拆卸本身，又是安全要求很高的作业，要有专业知识人员指挥，切不可马虎从事，否则事故潜在的危险很大。

第一节 对安装场地的要求

塔式起重机对安装场地的要求是：

1. 选择安装地点，应注意起重机的臂架端部活动范围与别的建筑物及建筑物外围施工设施之间的距离不得小于 0.5m。

2. 有架空输电线的场所，起重机的任何部位与输电线的安全距离，应符合表 4-1 的规定，以避免起重机结构进入输电线的危险区。

表 4-1 距离输电线安全距离(m)

电压(kV) / 安全距离	<1	1～15	20～40	60～110	220
沿垂直方向	1.5	3.0	4.0	5.0	6.0
沿水平方向	1.0	1.5	2.0	4.0	6.0

如果受条件限制，不能保证表 4-1 的安全距离，应与有关部门协商，并采取安全防范措施后方可架设。

3. 两台起重机之间的最小架设距离，应保证处于低位的起重机的臂架端部与另一台起重机的塔身之间至少有 2m 的距离，处于高位起重机的最低位置的活动部位(如吊钩或平衡重)与低位起重机中处于最高位置的部件之间的垂直距离不得小于 2m。

4. 安装场地在放置起重臂全长的窄长范围内应平整，无杂物和障碍物，以便于平衡臂、起重臂等部件在地面组装及吊装。

5. 固定式塔机的地基不能太靠近边坡，基础边缘离建筑物基础开挖边缘的距离宜取 2m 以上，以防止塔机工作时基础塌方或发生倾斜。在有开挖边缘的地方安装大型起重机，除了按设计要求打基础外，在基础未施工前一定要在靠边缘区打桩，以确保基础下面边缘区的承载能力防止基础受载后整体倾斜。

6. 安装场地不能选在松土上或沉陷不均的地方，其承载能力要求大于 $15t/m^2$。如达不到要求，应采取打桩或地基夯实措施。

7. 轨道式安装的碎石基础，如果敷设在地下建筑物(如暗沟、防空洞等)的上面，必须采取加固措施。碎石基础的基面必须按设计要求压实，碎石基础必须平整捣实，轨枕之间应填满碎石。路基两侧或中间应设排水沟，保证路基没有积水。轨道基础应由专业人员设计，非专业人员不可随便承担有关设计任务。

8. 安装场地电源配置应合理、方便、安全，总电源距安装场地不宜过远，尽量减少电路损耗。电源线应满足装机功率的要求，不得引起发热或过大的压降。

第二节 塔式起重机的整机倾翻和基础设计计算

塔式起重机安装使用中，最主要的要求是防止塔机的整机倾翻，整机倾翻的事故是最大的事故。塔式起重机安装中首先要进行整机倾翻的验算，从而找出基础的重量或者压重的大小。根据 GB5144 的规定和 GB/T13752 塔式起重机设计规范的要求，对塔式起重机的整机倾翻，要进行无风静载工况、有风动载工况、突然卸载工况、安装工况和暴风袭击下的非工况进行计算，最后根据最危险的倾翻状态，来确定基础的重量或应加的压重。关于塔机整机倾翻力矩示意图可参见图 4-1。

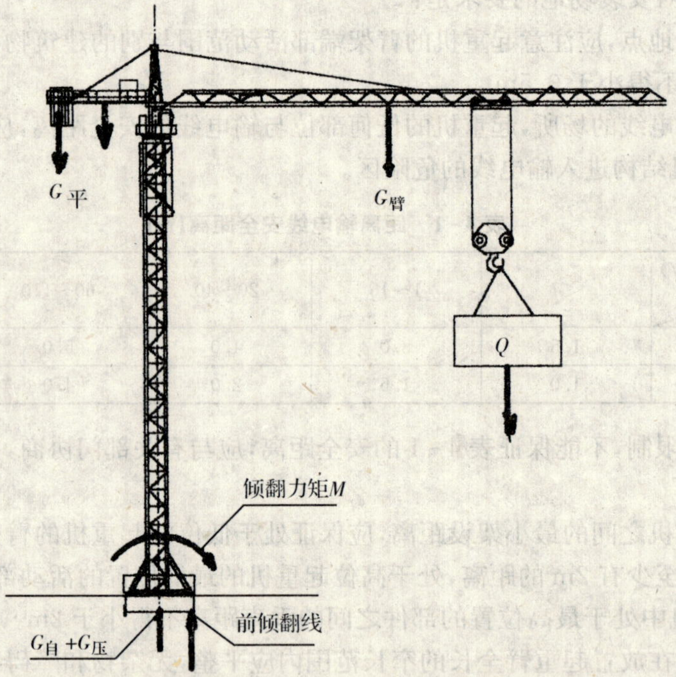

图 4-1 塔机整机倾翻力矩示意图

一、无风静载工况

验算最大吊重力矩下向前倾翻可能性。

1. 自重力矩（含平衡重和压重的作用）

每台塔式起重机，当它立好后，空车状态有一个后倾的力矩 $M_空$，这个力矩对防止前倾是有利的。所谓自重力矩，是指整台塔机对前边缘倾翻线的后倾保持力矩（见图 4-1）。

$$M_自 = M_空 + (G_{自重} + G_{压重}) \cdot b/2 \quad (4-1)$$

这里的$G_{自重}$是整机重和平衡重之和，b指地基总宽度，$G_{压重}$是指基础上应加的压重。

例如：某台100tm塔机，整机重48t，平衡重11t，$M_{空}=-49$tm，地基边缘线总宽度5m。那么

$$M_{自}=49+(48+11+G_{压})\times 5/2=196.5+2.5G_{压}$$

这里，$M_{空}$开始取负值，是指相对于塔机中心来说，它是向后倾的，而起重力矩是向前倾的，我们把前倾力矩计为正值，后倾力矩当然取负。但是，在$M_{空}$的计算式中，又把它计为正值，是因为该式中所有的力矩都是后倾的，同方向力矩当然要同号。这里只涉及大小概念。

2. 静态超重吊重力矩

标准规定，塔机静态最大超载25%。

$$M_{吊}=(1.25Q_{max}+G_{小车}+G_{吊钩})\cdot(R_{max}-b/2) \qquad (4-2)$$

这里Q_{max}是塔机最大额定吊重量，以前例$Q_{max}=8$t，$G_{小车}$、$G_{吊钩}$分别是移动部件小车和吊钩之自重，$G_{小车}=0.33$t，$G_{吊钩}=0.24$t，R_{max}是最大起重量下所容许的最大幅度，$R=13$m。那么前例的$M_{吊}=(8\times1.25+0.33+0.24)\times(13-5/2))110.985$tm

3. 安全判别要求

$$0.95\cdot M_{自}-K\cdot M_{吊}\geqslant 0 \qquad (4-3)$$

其中K是安全储备系数，可取$K=1.4\sim1.5$

从上例我们可得到：

$$0.95(196.5+2.5G_{压})-1.4\times110.985\geqslant 0$$

$$G_{压}\geqslant(155.379-186.836)/2.375=-13.245\text{t}$$

这里$G_{压}$计算出来为负值，说明不要加压重，也自然满足静态不倾翻条件。

二、有风动载工况

仍然校验前倾翻工况，应把风荷当作前倾因素来计算，所以风由后向前吹。

1. 自重稳定力矩

计算同前(4-1)式

$$M_{自}=M_{空}+(G_{自}+G_{压})\cdot b/2$$

2. 吊重力矩

这里应取动态系数下的最大力矩，动态系统取1.15。

$$M_{吊}=[(Q_{max}+G_{钩})\cdot 1.15+G_{小车}]\cdot(R_{max}-b/2) \qquad (4-4)$$

3. 风载荷

应取风从后向前吹的工作风荷。至于风荷计算在外载荷计算中已作过，比较复杂，不在这里介绍。假定工作风荷为Myw。续前例，$Myw=50$tm

4. 水平惯性力和吊重风力

以吊索倾斜3°为限，水平力：

$$P_{nx}=(Q_{max}+G)\cdot \text{tg}3° \qquad (4-5)$$

$$M_{nx}=P_{nx}\cdot h_{max}$$

h_{max}是独立式最大起吊高度，续前例，$h_{max}=51$m则：

$$M_{nx}=(8+0.24)\cdot \text{tg}3°\times 51=22.184\text{tm}$$

5. 坡度载荷

指塔机不可能是绝对铅直方向，因而有附加倾斜载荷。在塔机各部件重心计算时，已计算出$\sum G_i Y_i$，这里只应用其计算结果。

$$M = 0.01(\sum G_i Y_i + Q_{max} \cdot h_{max}) \quad (4-6)$$

续前例：$M_{X坡} = 0.01(2449 + 8 \times 51) = 28.574\text{tm}$

6. 安全判别要求

$$0.95 M_{自} - M_{W} - M_{NX} - M_{X坡} - 1.15 M_{吊} \geqslant 0 \quad (4-7)$$

续前例，把各种数字代入，我们会求得：

$$G_{压} = 21.02\text{t}$$

有风动载是非常重要的一个工况，它往往起决定性作用。

三、突然卸载工况

吊具脱落的颤动引起向后倾翻，要以后倾翻线为准，这时，$M_{空}$起不利作用，与保持力矩反向，所以必须取负号。

1. $M_{自} = (G_{自} + G_{压}) \cdot b/2 - M_{空}$ (4-8)

2. 风载荷，工作风荷，向后吹，仍记M_{W}。

3. 满负荷突然掉下，向后弹0.2倍力矩

$$M_{吊} = [(G_{max} + G_{钩}) \cdot 1.15 + G_{小车}] \cdot (R_{max} + b/2) \quad (4-9)$$

4. $M_{X坡}$同前，没有多少变化。

5. 安全判别要求：

$$0.95 M_{自} - M_{w} - 0.2 M_{吊} - M_{X坡} \geqslant 0 \quad (4-10)$$

经验证明：对小车式臂架塔机，此工况不危险。也可不计算。

如前例，计算出$G_{压} = 7.73\text{t}$，没什么可怕的。但对动臂式塔机，则有危险。

四、暴风袭击下的非工况(风向后吹)

这种工况，$M_{空}$起不利影响。

1. $M_{自} = (G_{自} + G_{压}) \cdot b/2 - M_{空}$。

2. 风载荷，要以非工况风荷为准。记作M_{WF}。续前例：$M_{WF} = 175.8\text{tm}$。

3. 坡度载荷，仍如前$M_{X坡} = 28.574\text{tm}$。

4. 安全判别要求：$0.95 M_{自} - 0.8 M_{WX} - M_{X坡} \geqslant 0$ (4-11)

这里，M_{WF}前乘系数0.8，是因为风从前面向后吹，吊臂会自动转向，这是不稳定的非工况，出现几率很小，故要降低其影响。而且计算出的结果，也只有参考意义。

五、暴风袭击下的非工况(风向前吹)

这种工况，$M_{空}$起保持不倾翻作用，而且这是一种臂架会自然转过来的稳定的非工况。

1. $M_{自} = M_{空} + (G_{自} + G_{压}) \cdot b/2$ (4-1)

2. M_{WF}的计算同前。

3. $M_{X坡}$同前。

4. 安全判别要求：$0.95M_{自} - 1.1M_{WF} - M_{X坡} \geqslant 0$ (4-12)

这里，M_{WF}前乘系数1.1，正是强调该种风力的危险作用。这种非工况计算结果有重要意义。如前例，将各数值代入，会计算出：$G_{压} \geqslant 14.79t$，尚未超过有风动载。

六、安装工况

安装工况分好几个阶段：一是先装了平衡臂，向后倾；二是装上吊臂，但尚未装平衡重，向前倾；三是装上平衡重，即空车状态，又向后倾。照理对每个工况都要计算一次，但以上三个阶段，以只安装了平衡臂和吊臂，尚未安装平衡重时，$M_{自}$的值为最小，稳定力矩最小，而此时不平衡力矩却较大。故应取作危险的安装工况。

$$M_{自} = -M_{安} + (G_{安} + G_{压}) \cdot b/2 \tag{4-13}$$

$M_{安}$、$G_{安}$分别为该工况下的前倾力矩和整机重量（不含$G_{平}$）。

M_{W}相当于空车风力减去平衡重的风力，但此时高度很低。

$M_{X坡}$也不大，因为是矮塔，$\sum G_i X_i$很小。

安全判别要求：$0.95M_{自} - 1.1M_{W} - M_{X坡} \geqslant 0$ (4-14)

对此种工况，$M_{自}$较小，但M_{W}和$M_{X坡}$由于是低塔，数值都不太大，所以还不太危险。但随着臂架的加长，此种工况越来越重要，可能上升为主要工况，这就是为什么有的塔机安装了平衡臂以后要先加一两块平衡重，然后再安装吊重臂的原因。

纵合以上各工况，把$G_{压}$进行比较，选取最大的$G_{压}$值，作为基础的重量。对于行走式塔机，暴风袭击的危险比固定式大，所以计算$G_{压}$，宜把向后吹的非工况也考虑进去。至于计算时M_{WF}前要不要乘以系数0.8，可以自己考虑。因为这是一个与几率有关的推荐值。说不准。沿海地带，暴风袭击危险大，可以不乘0.8，但是这样计算出的压重可能较大。付出的代价也大。

还值得指出：现有的固定式塔机，有两种流行的混凝土基础。一种是方块式，一种是十字交叉式（见图4-2）。从图上很容易看出：方块式的倾翻线边缘离中心近，在计算$M_{自}$时，b值小（见式4-1）。这样计算出的$G_{压}$值比较大，要多费混凝土，但它的施工简单。十字交叉式倾翻线边缘离中心远，计算$M_{自}$时，b值大，计算出的$G_{压}$值较小，能节约材料，但它只能配十字底梁式的底架。

塔式起重机的混凝土基础，一般在使用说明书里已经设计好了的，用户应当按照使用说明书的要求施工，不可随意改动。而且混凝土基础施工好后，应有18天以上的养护期，不可刚搞好基础就去安装塔机，这样混凝土没有固化好，强度值达不到要求，一旦受力就有产生局部破坏的危险，这是要特别注意的。还有在某些情况下，原基础图可能受场地限制而实现不了，要改变设计。这时建议最好找有经验的技术人员计算一次。如不好找，让自己的技术人员修改设计，宜保守一点。大体上，如果改了基础的宽度尺寸b，则要保持：

$$[(G_{自} + G_{压}) \cdot b]_{原值} = [(G_{自} + G_{压}) \cdot b]_{新值}$$

也即b值越小，$G_{压}$会越大。切不可保持原$G_{压}$值去减小b值，这是很危险的作法。

行走式塔机的轨道和路基设计，涉及到的专业知识内容更多，一般应请有关专业的人员去设计和施工，用户不宜自己去铺设路轨。这里不准备作详细介绍。

第三节　对安装人员的基本要求和注意事项

塔式起重机的安装，人员要上高空，而且上面、下面均有人，要配合好，否则容易出安全事故。故对安装人员，必须提出一些基本要求：

1. 安装队伍一定要有一个懂得塔式起重机的专业技术人员作指导，不是任意的工作小组可以承担。安装队伍应接受技术培训。

2. 起重机的安装与拆卸应严格按照说明书所规定的顺序和要求进行。尤其是涉及不平衡力矩出现时，更是严格。如果是上回转塔机，一定是先装平衡臂，再装起重臂，最后装平衡重；拆卸时一定是先拆平衡重，再拆起重臂，最后拆平衡臂。否则就有倒塔的危险。因为违反安装和拆卸的顺序而发生倒塔的事故，在全国已发生多次。例如有一次，某工地安装一台 80tm 塔机，在安装吊臂时，发现丢了一根销轴，于是临时车了一根补上，也没作热处理。安装好以后，丢了的销轴又找到了，于是又想换回来。这就要拆吊臂。本来拆吊臂前一定要先拆平衡重，才能拆除吊臂销轴，否则后倾力矩太大。可是该工地负责人怕麻烦，强令拆除吊臂销轴，结果刚一拆除销轴，就发生了倒塔，造成人员伤亡和重大财产损失。此事故的发生充分说明严格按顺序装拆是多么重要。

3. 作业人员在安装和拆卸时，应戴安全帽、配安全带、穿工作鞋。这一要求，常常得不到认真的执行，原因是认为无关紧要。实际上这是防止由于偶然机会的碰撞、小件掉落、手未抓牢、滑倒等失误而引发大的伤亡事故的措施，平常看不出有很大的必要性，但一旦发生了事故就来不及补救。比如安全帽，下边的人带了安全帽，上面掉下的螺栓、螺母之类的东西，打在头上不至于出大事，反之，若直接打在头上就很危险。在上面的工作人员，不小心碰上一根杆件，若有安全帽不至于受伤，若是头部直接碰，很有可能受伤或掉下来，变成大事故。所以不可轻视。

4. 高空作业人员，摆放小件物品和工具要注意，不可随手乱放，一般应放在工具袋里，或摆放在平台上，不可随意放在容易掉落的地方，以免伤害他人。高空工作人员，不可向下随意抛物品，要对自己有约束，养成对安全负责的习惯。一定要抛物品时，要先打招呼，并向没有人的地方丢，要形成很强的意识。

5. 上高空应走塔身内的爬梯，不要从标准节外面去爬。一定要到标准节外工作时，必须扣上安全带。

6. 塔机各部件之间的连接销轴、螺栓、轴端卡板和开口销等，必须使用塔机生产厂家提供的专用件，不得随意代用。特别是高强螺栓和销轴，因受力大，应力高，随意代用危险性大，因用普通螺栓代替高强螺栓而发生倒塔的事已经有多起，深刻的教训，应当引起严重的关注。

7. 安装塔机时，各销轴必须涂抹润滑脂。装好后，开口销必须张开到规定的程度，轴端卡板必须紧固，连接螺栓必须拧紧。凡装销轴和螺栓的人员，每一件事作好后才能去作另一件事，不可临时改作别的事，这样容易忘记，造成事故隐患，因小失大。曾经发生过，因臂架连接销忘记装开口销或轴端卡板螺栓没拧紧，而导致销轴脱落，最后导致臂架折断的重大事故。安装负责人，一定要注意检查臂架销轴的开口销是否上好，是否张开，或轴端卡板的螺栓是否拧好。

8. 牵引小车的吊篮，设计时对载人量是有限制的，小吊车限载一人，大吊车限载 2 人。这些在说明书都有规定，请严格按说明书的要求作，切不可随意挤进去过多的人员。以免出现超载下坠的危险。

第四节　上回转塔机的安装架设

上回转塔机，尽管有多种多样，但其安装程序大体相同。所以这里只要介绍一种有代表性的安装过程。

一、安装底架

一般塔机，底架由十字底梁、底架节及撑杆组成。安装时，先将十字底梁安装在已经准备好的混凝土基础上，校准好水平，要求倾斜度在 1/1000 以内。在底梁上加压板，套在 8 组 16 根地脚螺栓上，每根螺栓要两个螺母，并紧防松。

将底架节吊到十字底梁上，用螺栓连接好。每根螺栓必须并两个螺母。在安装底架节时，应注意摆的方位。事先应清楚，什么方向是塔机的前方，前方应当是有利于摆放吊重臂的方向，后方是摆放平衡臂的方向，底架上的顶升支板（踏步），应当靠后方，见图 4-2。

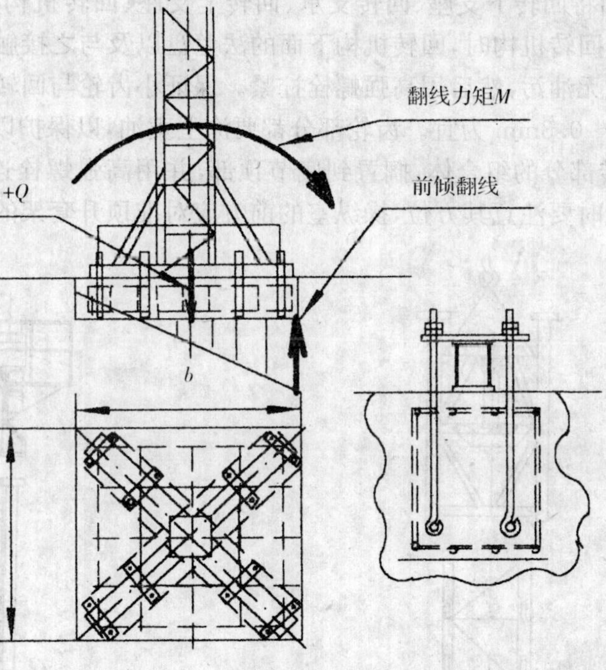

图 4-2　混凝土基础示意图

安装好底架节后，再吊起一个底节放在底架节顶上，用连接螺栓连接好。所谓底节，是指带撑杆支耳的下塔身标准节，而且它的腹杆做了特别加强。

用经纬仪或吊线法检查底节的垂直度。主弦杆四个侧面的垂直度误差应不大于 1/1000。如果发现超过，应在底梁下加垫板来调整斜度，直到符合要求。

二、加压重

将压重块吊装到十字底梁上，放在撑杆支耳以内，压重板内侧应离开底架节的两侧有一定距离，以便下一部安放顶升套架。

三、吊装顶升套架

先在地面组装好除工作平台以外的顶升套架的组件，然后吊起足够高，使其下面从底节顶端套入，慢慢放下，参见图 4-3。套入时应注意顶升套架的方位，应保证套架上的顶升油缸与塔身上的顶升支板位于同一侧，也就是都在后方。并检查、调整各滑块或滚轮与塔身主弦杆表面的间隙。要求任一方向同一层相对的两滑块或滚轮与塔身主弦杆表面的间隙之和，应不大于 8mm。

安装顶升套架四周的工作平台，然后将泵站吊装到靠后侧的平台的一角，接好泵站与油缸的油管，开动泵站，检查液压系统的运行情况。

四、吊装回转部分的组合总成

吊装回转部分的组合总成步骤：

1. 先在地面将回转下支座、回转支承、回转上支座、回转机构、回转塔身以及操纵室组合起来。在安装回转机构时，回转机构下面的法兰盘以及与之接触的上回转支座的法兰圈，其表面必须清洁无油污，然后用高强螺栓拧紧。保证小齿轮与回转支承外齿圈的良好啮合。啮合间隙以 0.2～0.3mm 为宜。齿轮部分都要涂上黄油，以保护以后的良好的润滑条件。

2. 吊起回转部分的组合体，搁置到底节顶部，并用高强螺栓连接好。每根螺栓必须并两个螺母。搁置时要注意其方位，操纵室的前方应对准顶升套架的引入门方向。见图 4-4。

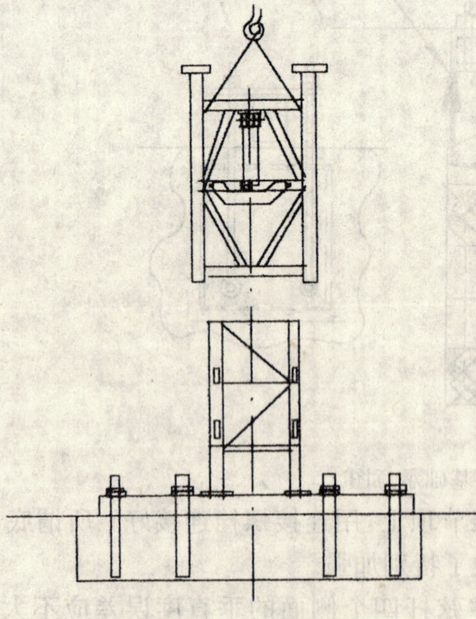

图 4-3 起吊顶升套架

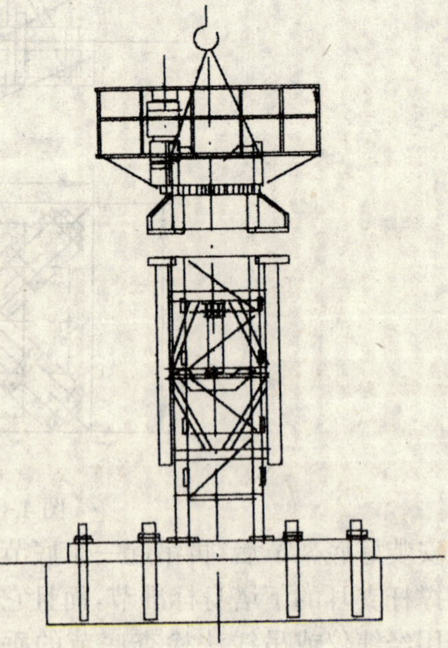

图 4-4 起吊回转总成

3. 启动泵站，使油缸活塞杆端的扁担梁插入顶升支板的槽内。使油缸伸出，顶起顶升套架，使其四根主弦顶部与回转下支座的四个伸出腿接近，然后用高强螺山将套架主弦顶端与下支座伸出支腿连接好。每根螺栓必须并两个螺母。再用高强螺栓连接好标准节与回转下支座。

五、吊装塔顶总成

在地面组装好塔顶部分的全部构件，然后吊到回转塔身的顶部，用高强螺栓将塔顶与回转塔身连接好，每根螺栓必须并两个螺母。安装时注意其方位，塔顶的前方，也就是有吊臂拉杆支耳的一方，应与操纵室的前方一致。见图 4 - 5。

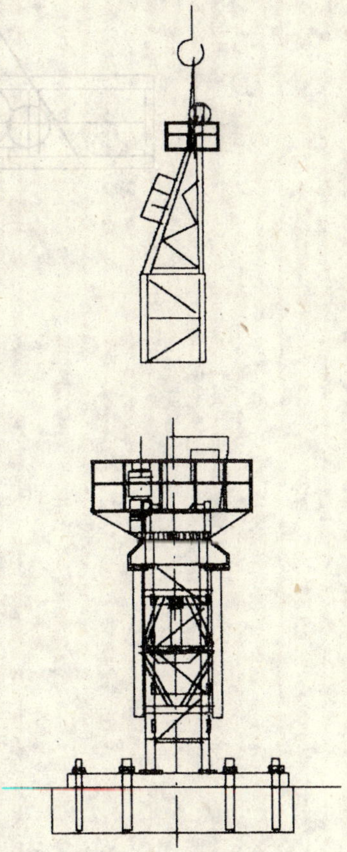

图 4 - 5　吊装塔顶总成

六、吊装平衡臂总成

吊装平衡臂总成的步骤：

1. 在地面将平衡臂组装好，平行于建筑物放置，装上平衡臂两侧的走台、护栏、起升机构和电气控制柜，形成平衡臂总成。

2. 将平衡臂拉杆连接好，并装到平衡臂相应的连接耳板上，穿好销轴，插上开口销并张开一定角度。然后顺平衡臂两侧水平放置，并临时用细绳或铁丝扎在平衡臂上。注意平衡臂拉杆伸出到根部饺点以外的部分，可将一节段折回去放置，不让伸出，以免影响安装。

3. 大体上水平地吊起平衡臂，使臂根两只连接耳板，插入到回转塔身左右两只连接耳板内，装上销轴，穿好开口销并张开。见图 4 - 6。

4. 去掉平衡臂拉杆的临时捆扎绳，用两根粗的软绳索，一端系住平衡臂拉杆的上端，但不得套在销孔内，另一端分别穿过塔顶后方左右两个小辅助滑轮，然后垂落至地面。

5. 稍稍再提升平衡臂，使其尾部上翘，再用人力拉引绳索，使两根平衡拉杆上端的耳板，接近塔顶上的平衡臂安装耳板，对正销孔，装入连接销轴，穿好开口销并张开。

6. 慢慢放下吊钩，平衡臂拉杆逐渐受力而拉直，平衡臂本身逐渐转成水平，最好是略带上翘，直到吊钩的钢丝绳完全松弛。这时安装人员可以安全地上平衡臂上去取吊索。

7. 若安装场地受到限制，靠后方没有场地摆平衡臂，也可以把平衡臂摆放在起重臂同一侧。不过装平衡臂之前，先要给回转机构接上临时电源，将回转塔身先回 180°，就可以按上述办法安装平衡臂了。安装好后，再反回转 180°，平衡臂就转到后方了。

七、安装起重臂

安装起重臂的步骤：

1. 先在地面将起重臂各臂节组装好。在组装时，注意要先将牵引小车套在起重臂下弦导轨上，因为小车上带有防断轴下坠装置，如不先套上去，以后无法往臂架上装。臂架组装

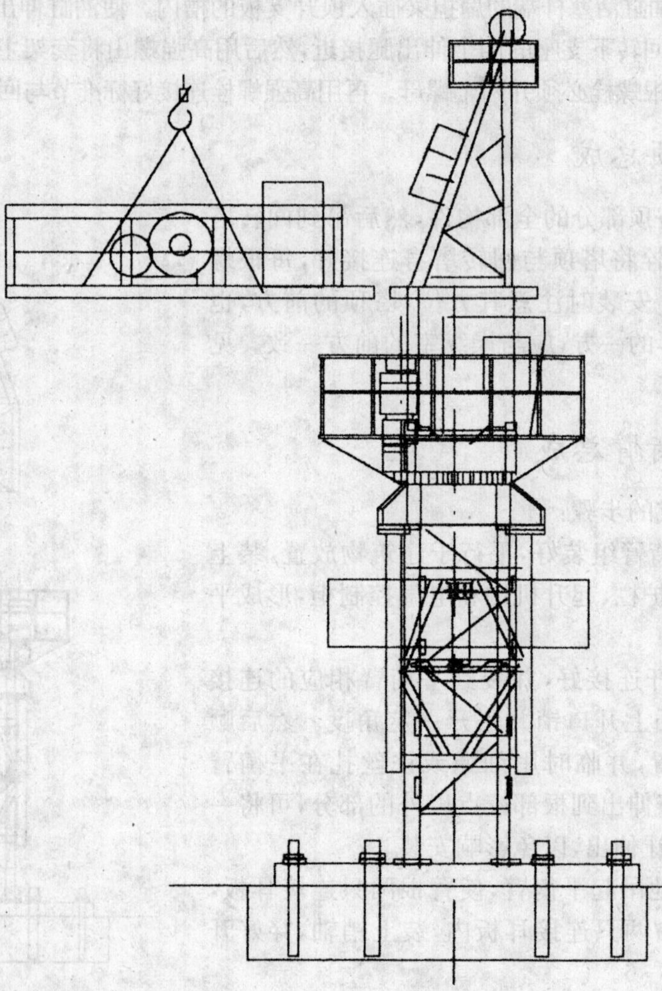

图 4-6　起吊平衡臂

好以后，用支架将起重臂两头支起，将牵引小车从臂根推到臂端，检查小车沿起重臂下弦运行是否有什么阻碍或碰撞声。如发现有阻碍，先作处理再进行下一步。

2. 将牵引机构装在一节臂内的安装位置处，并按要求穿绕好牵引钢丝绳。牵引绳的张紧，尽量在地面调好。

3. 在地面组装好起重臂拉杆。对于双吊点起重臂，长、短分拉杆端部的双拉板分别与起重臂对应的吊点用销轴连接好，把组装好的拉杆整齐地搁置在起重臂上弦的固定卡板槽内，在端部用细绳或铁丝临时捆扎好，不让掉下来。

4. 水平起吊起重臂。在起吊时要注意吊钩大体落在吊臂的重心上。一般来说在说明书里吊臂重心有参考位置，如没有，重心大体在从根部起算 0.45 倍臂长处，经过试吊后再找准确。待起重臂升高到回转塔身上部的支耳处，将起重臂接头插入回转塔身耳板内，装好销轴，穿上开口销并张开。

5. 稍稍再提升起重臂，使其端部上翘约 3°左右，准备连接起重臂拉杆。

6. 将平衡臂上的起升机构接上临时电源，开动起升机构，放出钢丝绳，将起升钢丝绳经塔顶滑轮，再固定在起重臂拉杆末端的系绳轮上，解开临时捆扎绳，再开动起升机构，用慢速向上提起起重臂拉杆，当接近塔顶时，将起重臂拉杆与塔顶拉板用销轴穿好，插入开口销并张开(见图4-7)。然后解开系绳轮上的起升钢丝绳。

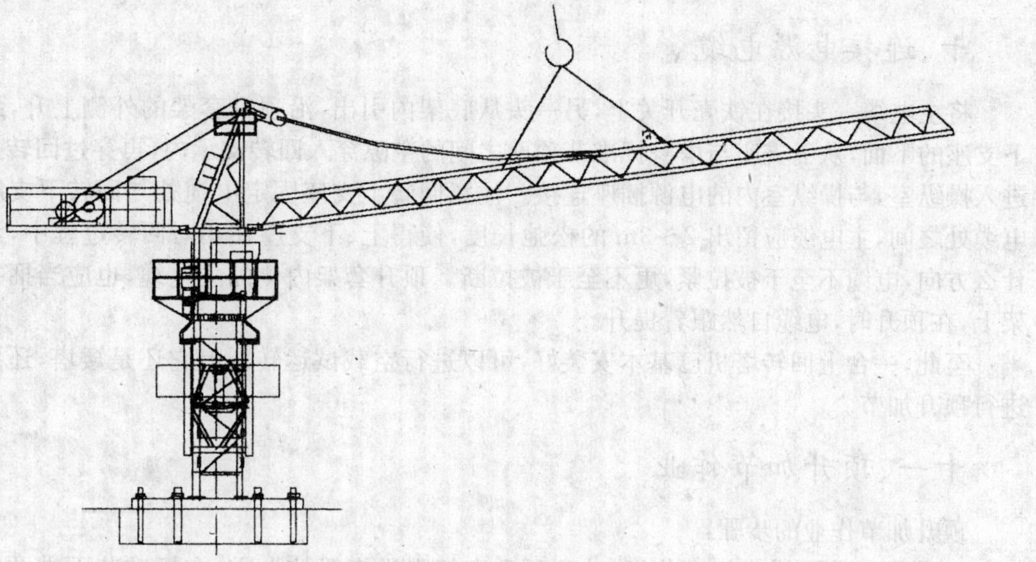

图4-7 安装起重臂

7. 检查起重臂拉杆各连接销准确无误以后，慢慢放松汽车吊的起升钢丝绳，起重臂拉杆逐渐受力张紧，起重臂逐步减小上翘而接近水平。最好留1°～1.5°的上翘角。待起吊绳全部放松后，卸去起吊索。

八、吊装平衡重

平衡臂的末端留有平衡重的安装位置。对于大的起重机，由于臂架自重前倾力矩很大，应当先加一两块平衡重后再装起重臂。对于一般中小型起重机，臂架自重力矩不很大，就没必要先加平衡重。

将平衡重吊起，注意大头朝上。逐块从平衡臂尾部的上方插入平衡重的安装位置，使大头的肩部搁在平衡臂的主弦上，依次排好并靠紧。插入最后一块后，上边要用钢丝把所有各块连成一整体，以免随意摆动。

不同的臂长组合，平衡重的块数是不一样的。一般使用说明书应给出在什么臂长下，平衡重配置多重。如果说明书上没有列表，也可以大体计算。因为当减小臂长时，自重力矩减去多少，很容易计算出来。那么平衡重力矩的减少值也应当是自重力矩的减少值。再除以平衡重的力臂值，就是应当去掉的平衡重数值了。

九、穿绕起升钢丝绳

将起升绳从塔顶滑轮下来，穿过起重量限制器的滑轮，进入牵引小车的外侧滑轮，引入吊钩滑轮，再上来引入小车的内侧滑轮，最后将绳头固定在起重臂的臂端。在穿绕起升绳时，人站在小车吊篮内，起升钢丝绳的绳头不要扎在吊篮上，也不要用手握住，而是用一根软的牵引绳提起，让绳头能自由旋转，这样能释放钢丝绳的打扭内力，防止钢丝绳打扭。甚至吊车在使用一段时间后，钢丝绳的内扭力又传到绳头一端来了(因为开始的钢丝绳绕在卷筒上，内扭力释放不出来)，又出现打扭的现象，还可以解开绳头，尽量放出钢丝绳，再用软的牵引绳提起，让绳头自由旋转，释放出内扭力后再装上去。

十、连接电源电缆

将主电缆一头接在铁壳开关上，另一头从底架内引出，沿顶升套架的外侧上升，到回转下支座的下面，从下支座与塔身标准节顶面之间的空隙穿入回转支承内，再穿过回转上支座进入操纵室，与操纵室内的电源插座连接。注意回转上支座固定电缆处与回转下支座固定电缆处之间，主电缆应留出 2～3m 的松弛长度，使得上、下支座在相对回转过程中，无论在什么方向，电缆不至于被拉紧，更不至于被拉断。顶升套架内侧的主电缆，也应当捆扎在套架上，在顶升时，电缆自然跟着提升。

至此，一台上回转塔机已基本安装好，可以进行空载试运转。但它还是矮塔，还要继续进行顶升加节。

十一、顶升加节作业

顶升加节作业的步骤：

1. 吊起一个下塔身标准节，移动到顶升套架引进横梁的上方，在标准节下端两侧对称地装四个引进滚轮，慢慢放下吊钩，使标准节上的引进滚轮落在引进横梁上。然后取下吊索。

2. 将常开式的回转制动器置于制动位置，吊臂定位于正前方。将变幅小车往外开，使前倾力矩增加，以抵消平衡重的后倾力矩。要求使顶升部分的重心大致与顶升油缸的轴线重合。在必要时，也可以让吊钩吊起另一个标准节来，以满足平衡的要求。

3. 将液压泵的电源插头，插到操纵室的电源插座上。启动泵站，操纵泵站手柄，使顶升油缸下部的顶升扁担梁两端的圆柱头插入塔身主弦杆顶升支板的弧形槽内，然后关掉泵站。

4. 拆掉回转下支座与标准节顶部之间的连接螺栓。启动泵站，略顶起一小段距离，再放下。检查油缸活塞端部扁担梁销轴是否准确可靠地嵌在标准节后的顶升支板槽内，搭接长度是否足够。这一步非常重要，因为整个上部重量就全靠扁担梁和两块顶升支板传递到塔身标准节上。顶升出事故，主要出在搭接不可靠，待受力以后，发生变形滑脱而导致整个上部偏斜甚至倒塔。这种事故已发生多起，切不可大意。

还要强调指出：球铰式活塞杆的扁担梁，由于两端轴销与顶升支板的槽存在摩擦，不能顺利偏摆，这就可能造成油缸轴线偏离扁担梁所在平面，从而会产生一个侧向分力使扁担梁侧弯，这是很危险的！油缸顶升力很大，而扁担梁抗侧弯能力很小，稍不注意，侧弯扰度过大，可能会使扁担梁两端搭接销回缩而从槽中脱出，最后导致倒塔。所以最好不用球铰油缸，如果用了，两端要加防偏离的保险销，使油缸轴线不会偏离扁担梁所在平面。这在顶升安全检查时一定要注意检查。(见图 7 - 4，P. 151)

5. 检查无误以后，正式开动泵站，操纵手柄，使油缸顶起塔机的上部结构。当顶升套架的活动爬爪高出上一个顶升支板的顶端时，爬爪会自动翻成水平状态，立即停止顶升，并操纵手柄使油缸回收。顶升套架上的爬爪会慢慢落在顶升支板的顶面，第一步顶升就此完成。

(见图 4-8)

6. 继续回收油缸，将顶升扁担梁提起。当顶升扁担梁两端的圆柱头达到上一个顶升支板的弧形槽时，让其可靠地嵌入槽中，再如上所述进行第二步顶升作业。直到能从顶升套架的引入门引进一个标准节时，停止顶升，将放在引进横梁上的标准节引入。见图 4-8。

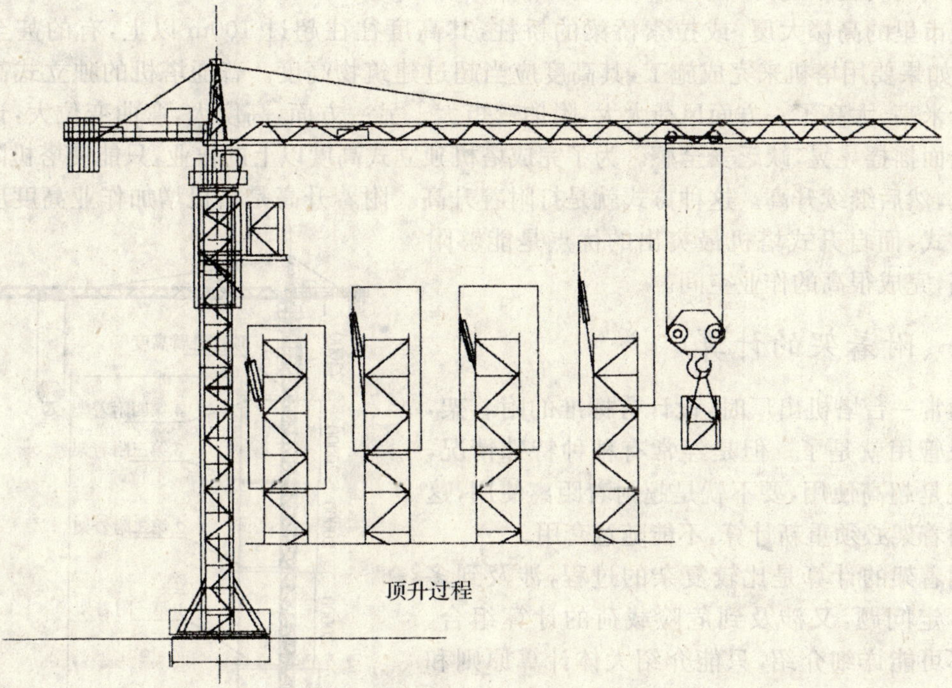

图 4-8　顶升加节示意图

7. 将引进的标准节对准塔身顶端，操纵泵站手柄使油缸回收，引进的标准节随同塔机的顶起部分一起落在塔身的顶端。继续使油缸回收，待引进滚轮脱离引进横梁时，停止回收，拆下四个引进滚轮。用高强螺栓把刚引进的标准节与原塔身顶端连接好，每根螺栓并两个螺母。再装好回转下支座与标准节上端的连接螺栓。这时可能会遇到孔对不准的困难，那就先将能插的螺栓都插入，带上螺母，但不要拧得太紧，松开回转制动，让臂架慢慢回转，孔位就会变化，注意观察未对准的连接套孔，当它能对上时，立即把连接螺栓插入。如果下面还要继续加节，此时每个螺栓上带一个螺母就可。如果下面不再加节了，则每个螺栓必须带上两个螺母并拧紧。

8. 按 1～7 的步骤，再进行一次顶升加节操作，再加一个下塔身标准节。此时，顶升套架的底部已高出底节上安装撑杆的支耳板的位置，准备安装底架撑杆。

9. 用高强螺栓将活动支耳安装在底节的主弦杆上，然后装上四根底架撑杆，装好销轴。若安装时对准孔发生困难，可利用回转机构和小车，改变塔身受力的大小和方向，调整孔的相对位置，总是可把销轴插上的。最后紧固好连接螺栓，插入开口销并张开。

10. 装好撑杆后，继续顶升加节。先把所有的下塔身标准节装完，再装上塔身标准节。一直到达到塔机设计的独立式高度。这时，一台标准塔机就算真正装完了。

第五节　自升式塔机的升高和附着

上节已经介绍了自升式塔机的安装过程，这是最典型的安装方式，但是，最后还只能达到独立式高度就不能再加节了。

城市里的高楼大厦，或拉索桥梁的桥柱，其高度往往超过 100m 以上，有的甚至达到 300m，如果要用塔机来完成施工，其高度应当超过建筑物高度。普通塔机的独立式高度只能几十米高，太高了一方面风荷太大，附加弯矩大。另一方面，高度大，弯曲变位大，让操作者在上面摇摇晃晃，缺乏安全感。为了完成塔机独立式高度以上的作业，只能使塔机附在建筑物上，然后继续升高。这种方式就是打附着升高。附着升高是塔机增加作业高度应用最多的方式，而自升式塔机最突出的优点是能够附着升高，完成很高的作业空间。

一、附着架的计算

通常一台塔机出厂时，设计有标准的附着架，用户只管用就是了。但是经常有种种特殊情况，要不就是超高使用，要不就是超附着距离使用，这时对附着架必须重新计算，不能随意套用。

附着架的计算是比较复杂的过程，涉及到多次静不定问题，又涉及到危险载荷的计算组合。这里不可能详细介绍，只能介绍大体计算原则和计算步骤。有专业知识的工程技术人员，参照所介绍的知识也可以计算。但没有经验的人最好不要轻易受理。

1. 附着方案制订

附着方案要根据最大附着高度、附着距离来制定。首先要确定打几道附着，每一道附着间距是多少。图 4－9 代表某台 100tm 塔机要附着到 120m 高度的附着方案。附着方案中涉及两个重要的参数，一个是最上面的悬臂高度，一般不容许超过 28m；另一个是两道附着的距离，一般取 15～20m；但第一道高度可取 25～40m，这要看塔机容许的独立式高度来定。

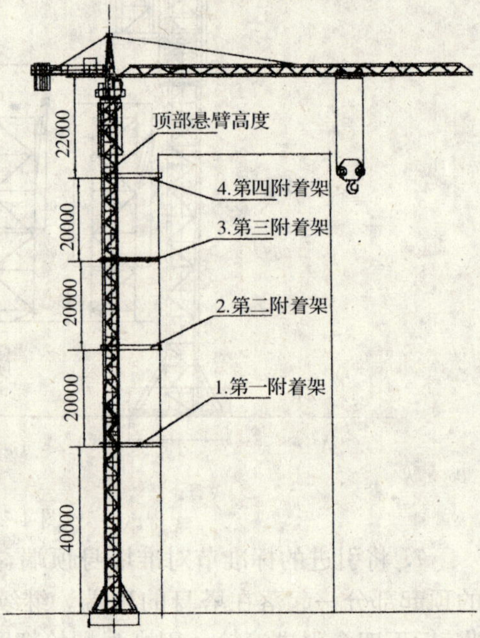

图 4－9　塔机附着方案图

2. 塔吊最高附着点以上一段的（也叫悬臂段）风力计算

塔机附着很高以后，风载荷必然增加，所以要重新计算风力矩。计算工况包括顺风、侧风和暴风袭击下的非工况，是一个复杂的计算过程。这里不可能详细示范。

3. 最高附着架以上一段内力计算综合

把上边计算的风载荷与工作载荷、自重载荷、惯性载荷等综合起来，计算出加在最高附着架上面的正压力 N、弯矩 M 和扭矩 M_K。这里同样要分顺风吹、侧风吹和暴风袭击几种工况。而且要进行比较，什么工况是最危险的工况。

4. 最高附着架以下各段塔身的内力及支反力计算

塔身受附着架多道附着，实践上是多道支承约束，受多道支反力作用，变成了高次静不定问题。而且约束又分刚性约束和柔性约束两种。刚性约束是指附着架本身不产生位移，一般附在建筑物上应以刚性约束计算；柔性约束是指附着架还可能产生位移，比如钢丝绳牵引约束就不可能是刚性约束。柔性约束还要涉及到约束支点的弹性系数问题，也就是支承的刚度问题，所以更为复杂。

对于刚性附着，我们可以利用材料力学上的连续梁计算办法，也就是所谓三弯矩方程或五弯矩方程。底座一端可取固定端，顶部一端为悬臂端。图 4-10 就是前边所示 100tm 附着式塔机的计算模型。从这个模型，我们可以得到三弯矩方程组：

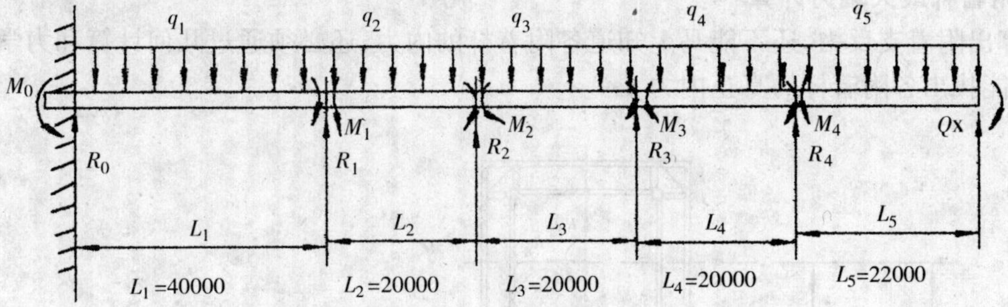

图 4-10 塔机附着计算模型

支座 0： $2M_0L_1+M_1L_1=6A_1^{\phi}$图示弯矩为正方向的符号

支座 1： $M_0L_1+2M_1(L_1+L_2)+M_2L_2=6(B_1^{\phi}+A_2^{\phi})$

支座 2： $M_1L_2+2M_2(L_2+L_3)+M_3L_3=6(B_2^{\phi}+A_3^{\phi})$ (4-15)

支座 3： $M_2L_3+2M_3(L_3+L_4)+M_4L_4=6(B_3^{\phi}+A_4^{\phi})$

其中： $A^{\phi}=B^{\phi}=1/24\cdot q\cdot L_i^3$

q_i——塔身上所受风力的线密度，随工况而有所改变。

J——塔身的抗弯截面系数。

从上面的方程组，结合边界条件，我们可以解出 M_0、M_1、M_2、M_3 等。至于 M_4，在顶部计算时已经计算出来了。

有了这些内力值以后，我们就可以计算附着反力。它由两部分构成：一部分由外载荷分布力 q 产生，一部分由支点处弯矩 M_i 产生。以 R_i 记支反力，即：

$R_{0q}=q_1L_1/2$

$R_{1q}=q_1L_1/2+q_2L_2/2$

$R_{2q}=q_2L_2/2+q_3L_3/2$

$R_{3q}=q_3L_3/2+q_4L_4/2$

$R_{4q}=q_4L_4/2+q_5L_5$ (4-16)

$R_{0M}=M_0/L_1-M_1/L_1$

$R_{1M}=-M_0/L_1+M_1/L_1+M_1/L_2-M_2/L_2$

$R_{2M}=-M_1/L_2+M_2/L_2+M_2/L_3-M_3/L_3$

$R_{3M}=-M_2/L_3+M_3/L_3+M_3/L_4-M_4/L_4$

$R_{4M}=-M_3/L_4+M_4/L_4$ (4-17)

有了这些公式，我们只要正确代入数据，就可以把支反力值全部计算出来。当然分别计算出 R_{iq} 和 R_{iM} 以后，还要迭加：

$$R_i = R_{iq} + R_{iM} \tag{4-18}$$

以上计算只是介绍了通用计算方法和计算公式，但是计算出的反力到底取哪一个平面，是平行建筑物？还是垂直建筑物？并未确定。这要看在什么方向对附着杆的内力影响来定。也许两个方向都要计算，才能找出最危险的受力工况。

附着计算是繁琐的计算。前面还只介绍了刚性附着计算方法，至于柔性计算方法，那更为复杂。与具体附着方式有关，怎么算，应找专业计算论文或资料，不能在这里介绍。因为本书是以介绍应用技术为主。

5. 附着杆最大轴力计算

计算出附着支反力，还不能马上知道各附着杆的内力，还必须通过几何计算和力学平衡分析，才能找出各附着杆的真正内力。

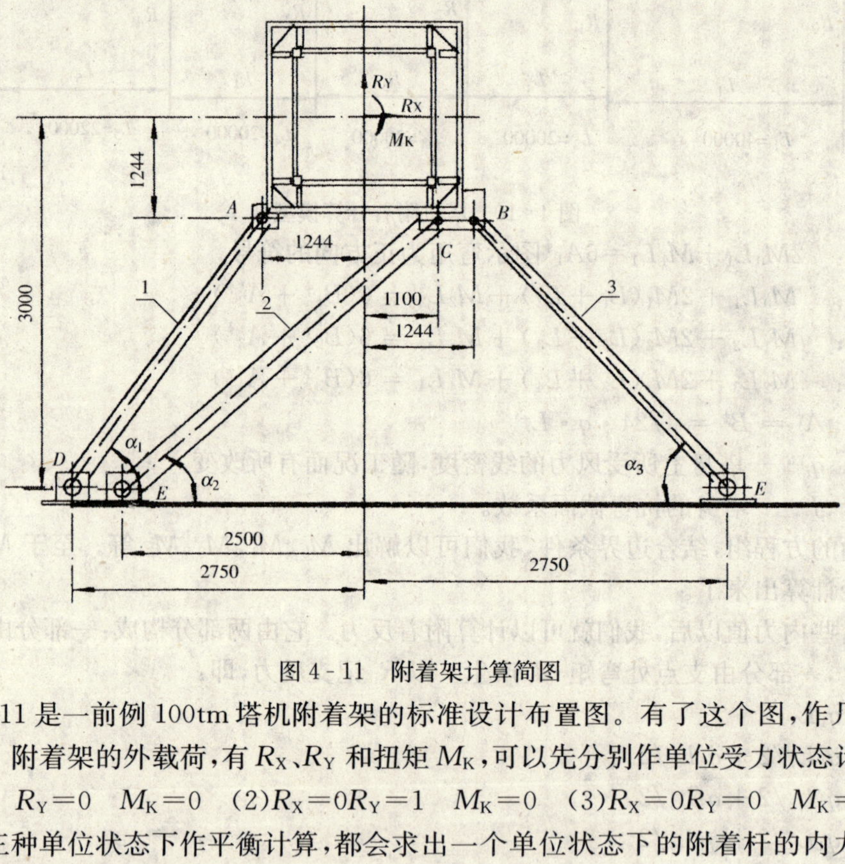

图 4-11　附着架计算简图

图 4-11 是一前例 100tm 塔机附着架的标准设计布置图。有了这个图，作几何计算是容易的事。附着架的外载荷，有 R_X、R_Y 和扭矩 M_K，可以先分别作单位受力状态计算，假定：(1)$R_X=1$　$R_Y=0$　$M_K=0$　(2)$R_X=0R_Y=1$　$M_K=0$　(3)$R_X=0R_Y=0$　$M_K=1$

在这三种单位状态下作平衡计算，都会求出一个单位状态下的附着杆的内力值。真正的载荷引起的内力，只要乘以单位状态的内力再迭加就可。

比如前例，通过单位状态计算以后，再结合真正载荷值，可以列出一个表：

附着支反力 \ 附着撑杆	撑杆 1	撑杆 2	撑杆 3
R_X=15.2t	10.155	−4.42	−7.26
R_Y=15.2t	7.255	0	7.26
M_K=26.4tm	5.25	10.80	−12.32

有了这个表，可以把 R_X 和 M_K 组合，也可以把 R_Y 和 M_K 组合，还可以假定在 45°方向，用 $R_X \cdot \cos45° + R_Y \sin45°$ 和 M_K 组合，最后找出最大的一个撑杆内力。如本例：$T_{max}=19.58t$

实际可选：$T_{max}=20t$ 或 25t 来作撑杆设计。

6. 附着撑杆的设计

有了撑杆的最大内力，就可以进行附着撑杆的设计了。设计撑杆要抓住两个问题：一是撑杆的整体稳定性，二是主弦杆的局部稳定性。

撑杆是处于受压和自重横弯的联合作用下工作的。弯压联合作用，对整体失稳不利，特别是长撑杆更是如此。有的用户曾经把标准设计的撑杆加长，去解决远距离附着，结果因撑杆失稳而倒塔，这是严重的教训，绝对干不得。

1)撑杆整体失稳计算：设撑杆重为 $G_{撑}$，先假设，后验证。

线密度：$q = G_{撑}/L(\text{kg}/\text{cm})$ (4-19)

其中点最大弯矩：$M_0 = qL^2/8(\text{kg}\cdot\text{cm})$ (4-20)

主弦杆面积为 $A_1(\text{cm}^2)$，组成正方形截面桁架柱体。撑杆边长为 $2b$，b 为边长之半，撑杆的抗弯截面系数为 J。

$$J = 4b^2A_1(\text{cm}^4) \quad (4-21)$$

整体失稳的临界压力

$$N_{cr} = \pi^2 EJ/L^2(\text{kg}) \quad (4-22)$$

其中 $E=2.1\times10^6(\text{kg}/\text{cm}^2)$；$L$ 为撑杆长度，以 cm 为单位，在计算 q 时已用过。

2)压弯联合作用对弯矩的放大值

$$M_{max} = M_0/(1 - T_{max}/N_{cr}) \quad (4-23)$$

其中 T_{max} 正是前面计算出的最大撑杆力。

3)主弦杆最大的内力计算

$$N_G = T_{max}/4 + M_{max}/(4\times b)(\text{kg}) \quad (4-24)$$

4)主弦杆局部失稳临界压力的验算

设桁架或撑杆的节距为 a，主弦杆的惯性半径为 r_x，这些数据很容易计算出来，或通过查表可得。

主弦杆的长细比 $\lambda = a/r_x$ (4-25)

有了 λ 值，查表，可得到一个折减系数 ϕ 值。要求：

$\sigma = N_G/(\phi\cdot A_1) \leqslant [\sigma]$

其中 A_1 是主弦杆的截面面积。

从上面的计算式中可以看出：当 L 增长时，M_0 增大，而 N_{cr} 却急剧下降。所以 M_{max} 也急剧增大，此时 N_G 也就会增大，自然 σ 上升很快。所以简单的加长附着撑杆很危险，务必引起注意。

二、附着条件

1. 附着撑杆的支座，必须按说明书要求在浇灌混凝土时，将连接螺栓预埋好。而且不能立即使用，一般要 10～15 天才能使用，否则有拉裂的危险。

2. 附着架与塔身的连接依靠附着框架实现。先将附着框架套在塔身上，并通过四个紧定架将塔身的四根弦杆夹紧。再在对角线方向上装上顶杆。外侧再接附着杆(见图 2-9)。

附着框架的位置，应尽量避开标准节主弦节距的正中，以免局部力引起主弦杆变形。

3. 每道附着架的三根附着撑杆，应尽量处于同一水平面上。但在安装附着架和顶杆时，若与塔身标准节的某些部位发生干涉，可适当升高或降低附着框架的安装高度。允许附着框架与连接基座的高度差不大于 300mm。

4. 附着撑杆上允许搭设供人从建筑物上通向塔机的跳板，但严格禁止在其上堆放重物。否则附着撑杆的横向弯矩会增加，对承受附着压力非常不利。

5. 附着撑杆与附着框架、连接支座之间的连接，以及附着框架与塔身、顶杆的连接必须可靠。各顶块应顶紧，紧定梁应可靠地将塔身主弦杆夹紧，连接螺栓应紧固好。各调节螺杆调整好后，应将并紧螺母可靠地并紧。开口销应按规定张开。运行后应经常检查有否发生松动，并及时进行调整。

第六节　下回转塔机的安装架设

下回转塔机的安装架设分拼装式和整体拖运快装式两大类。拼装式是指在工地上，用一个个部件拼装起来的塔机，其中如果用它自带的设备来完成安装就是自装式，用外来起重机协助安装是它装式，或叫城市型塔机，这一类下回转塔机安装有点类似上回转塔机的安装。而整体拖运快装式，本来在工厂已组装成一台起重机。只是把它按行驶拖运状态折叠起来，拖到工地后，只要设法就位，再利用专用的安装设施，很快就可把它架设起来，固称为快装式，其架设步骤就是如何从拖运状态变为工作状态的操作过程，不涉及部件。下面我们重点介绍拼装式下回转塔机的安装知识。

一、固定拼装式下回转塔机的安装

安装固定拼装式下回转塔机步骤和要求是：

1. 根据工程要求，确定起重机的基础位置，清理现场障碍物。按照使用说明书的要求，挖坑打基础。对打基础施工的要求，与对上回转塔机的基础要求基本相同。一般情况下，基础必须在施工前 10～15 天完成。且不许选在沉陷不均的地方，不许靠近边坡，以防止受载后基础倾斜或滑坡。

2. 检查混凝土基础的水平度，要求上表面倾斜小于 1/400。合格后将底座安放在已准备好的混凝土基础上。接好十字梁的加长腿，大体上整平。架好底架支座和斜撑。

3. 将平衡臂拖到相应的安装位置，装上起升机构。

4. 如果是自装式下回转塔机，将扒杆爬升架和扒杆装在一起，放在底架靠平衡臂一侧，将起升钢丝绳穿入扒杆，系好扒杆吊钩。然后将扒杆竖起来，使扒杆爬升架靠在底架主弦杆上，用绳系好，防止倾倒。

5. 利用小扒杆，吊起回转下支座，放在底架顶部，然后穿入连接螺栓，并紧两个螺母。他装式下回转塔机，一切靠汽车吊，就不用扒杆了，那将更为简单。

6. 用小扒杆分别吊起回转支承和回转上支座，安放在回转下支座的顶部(见图 4-12)，紧好连接螺栓，并好背帽。

7. 解下绳索，移开扒杆和扒杆爬升架。将塔身标准节的底节耳板用铰销与回转上支座耳板连接好(见图 4-13)。然后用拉索起扳的办法把底节装到回转上支座上，穿好连接螺

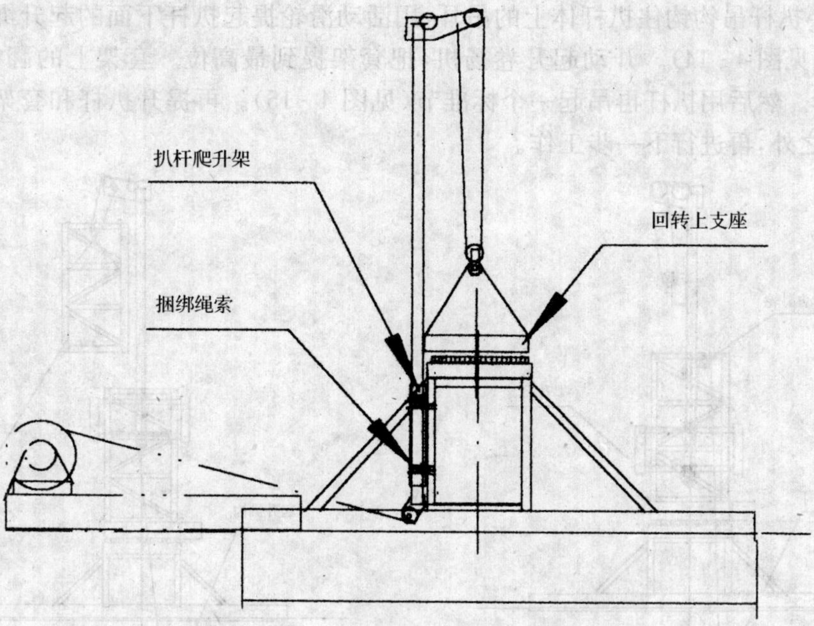

图 4-12　下回转塔机回转支座吊装

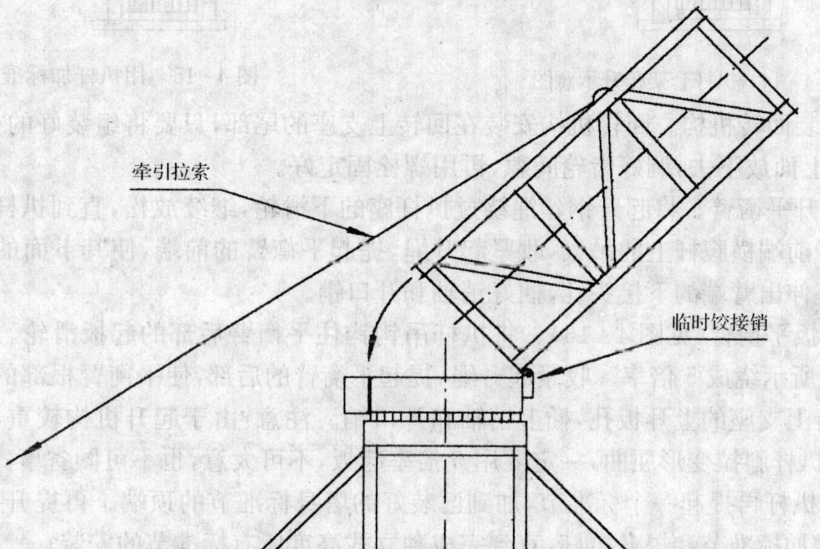

图 4-13　塔身底接安装示意图

栓，并紧好双螺帽。在起扳时，为防止上回转支座转动，要设法用杆件插入伸出端阻止回转。

8. 将扒杆与扒杆爬升架的组合体的下端抬到回转上支座的伸出端上面，将其根部耳板用销轴连接到刚装好的标准节根部耳板上，将扒杆吊钩钩住底节对面顶部的横腹杆。

9. 临时接通起升机构的电源，开动起升机构，使提起扒杆的上端，直到扒杆成铅直方向立起来。再把扒杆套架的槽形框架抬到回转上支座上，套住塔身底节，再与扒杆爬升架连接起来，形成爬升套架。此时要注意爬升滚轮嵌在标准节主弦杆外。

10. 用小扒杆吊钩钩住扒杆体上的吊耳，用活动滑轮提起扒杆下面的起升绳，再挂到标准节的顶面(见图 4 - 14)。开动起升卷扬机，把套架提到最高位。套架上的翻板会自动定位，不会下滑。然后用扒杆再吊起一个标准节(见图 4 - 15)。再提升扒杆和套架，把底节完全脱出套架之外，再进行下一步工作。

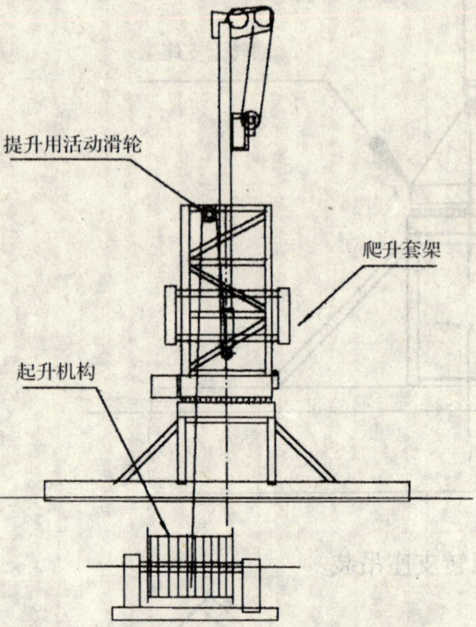

图 4 - 14　扒杆套架爬升示意图

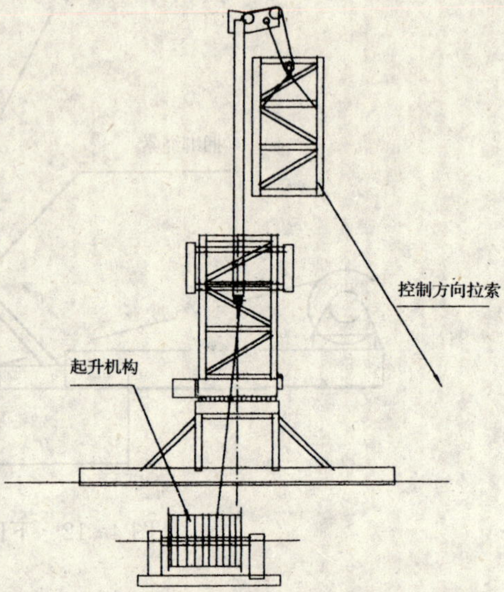

图 4 - 15　用扒杆加标准节

11. 安装回转机构。回转机构安装在回转上支座的尾部，只要将组装好的机构，用扒杆吊起来，从上面放下去，调好齿轮间隙，再用螺栓固定好。

12. 提升平衡臂。将起升钢丝绳绕过扒杆座的下滑轮，继续放松，直到扒杆吊钩能钩住套在平衡臂前端横腹杆上的吊索，收紧起升绳，提起平衡臂的前端，使其下面的接头孔对准回转上支座伸出臂端的下接头孔，插好销轴和开口销。

13. 起扳平衡臂(见图 4 - 16)。将扒杆吊钩钩住平衡臂后部的起扳滑轮。并将起升绳如图 4 - 16 所示绕成 5 倍率。收紧起升绳，提起平衡臂的后部，使平衡臂根部的上接头耳板孔对准回转上支座的上耳板孔，插上销轴和开口销。注意：由于起升机构较重，吊钩又是斜拉，为防止扒杆斜拉变形屈曲，一定要用 5 倍率起扳，不可大意，也不可图省事。

14. 用扒杆再提起一个标准节，加到已装好的塔身标准节的顶端。再提升扒杆和套架。如此反复增加标准节和提升扒杆，直到完成独立式高度所有标准节的安装。

15. 安装顶架，将扒杆升到最高位。仍然用扒杆提升顶架，置于塔身顶端，用螺栓连接好，并紧背帽。

16. 安装竖直撑杆。先将一段吊臂拉杆和一节连接拉杆装到竖直撑杆的顶端，用扒杆吊起竖直撑杆，超过顶架，其顶部向前倾斜，将其下耳板与顶架上的中间耳板孔用销轴穿好，锁上开口销(见图 4 - 17)。然后用手拉葫芦扳动竖直撑架，使顶部向扒杆方向靠近，直到其上部的横梁撑住扒杆的顶部额头。注意一定要撑好！如撑不上宜加垫块也要撑上。然后用绳子将扒杆和竖直撑架系在一起，形成一临时塔帽，以便起吊重量较大的臂架。注意千万不可用扒杆单独起吊臂架，以免发生折弯的危险。

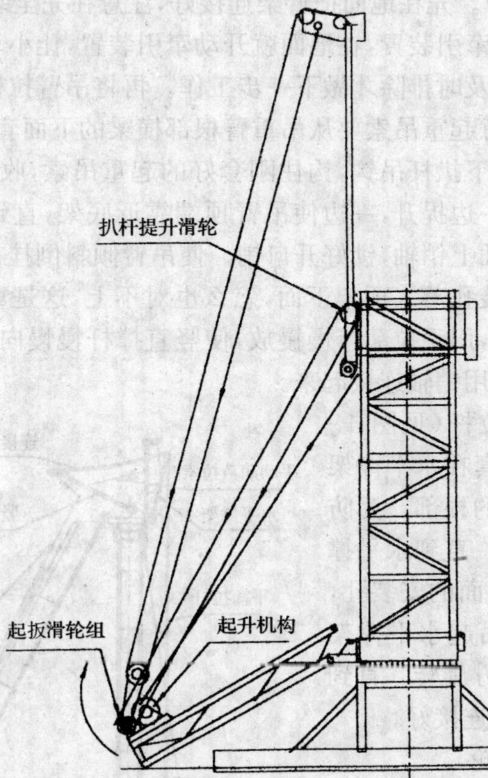

图 4-16　起扳平衡臂

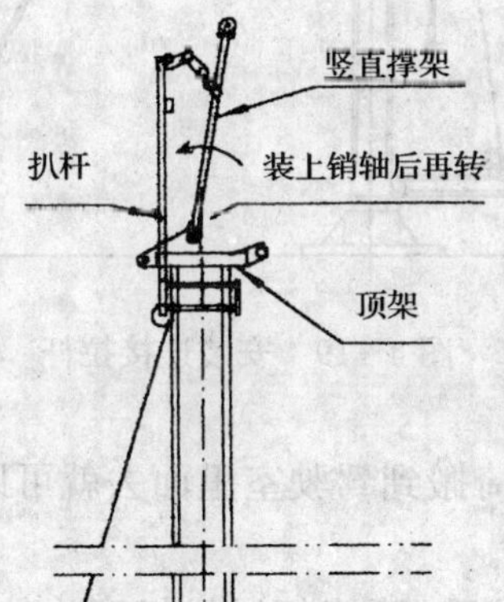

图 4-17　安装顶部竖直撑架

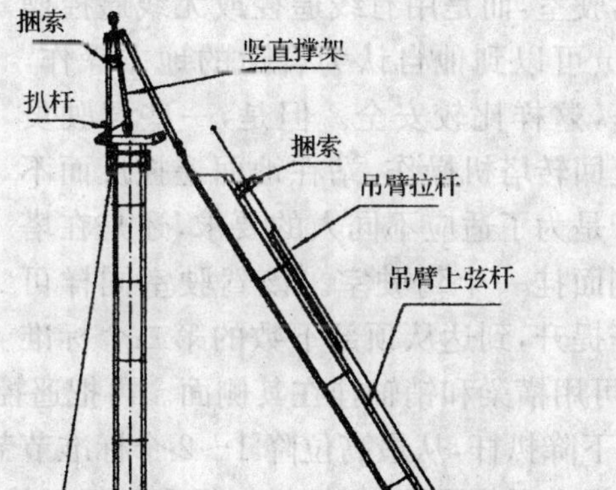

图 4-18　安装吊重臂

17. 安装吊重臂(见图 4-18)。先在地面把臂架连接好,注意在完全装好前要把小车套在臂架下弦导轨上。并装好小车牵引装置,在地面就开动牵引装置,让小车沿臂架全长来回跑两遍,看有无障碍。若有,先应及时排除才做下一步工作。再将吊臂拉杆装在吊臂上弦杆上,端部临时用细绳捆扎好。注意起重吊索要从吊重臂根部横梁的下面套在下弦杆上,而不是从上面套。这一点很重要! 放下扒杆吊钩,钩住刚套好的起重吊索,收紧起升绳,将吊臂根部提起,此时吊臂顶端着地。一边提升,一边使吊臂顶端靠近底架,直到臂架根部安装销孔对准顶架上的吊臂接头销孔,插上销轴,锁好开口销。使吊臂倾斜倒挂在顶架前方。如果起重吊索从上面套住主弦,即安装孔落入顶架下面,怎么也对不上,这是重要经验。装好销轴后,放下起升绳,解开竖直撑杆,用手拉葫芦慢慢放,使竖直撑杆慢慢向前倾斜,直到其上端的拉杆段与吊臂上的拉杆段能用销轴连接起来。

18. 安装水平撑架及连接拉杆(见图 4-19)。先把连接拉杆和平衡拉杆套在水平撑架的顶部,再用扒杆起吊水平撑架的根部。为防止碰撞,下面可用绳子略微斜拉。直到水平撑架根部耳板的连接孔对准顶架后面的安装孔,插入销轴和开口销。再用扒杆吊起水平撑架的顶部,使其绕着根部销轴向上方旋转。直到与竖直撑架的顶端能用连接拉杆连接好。

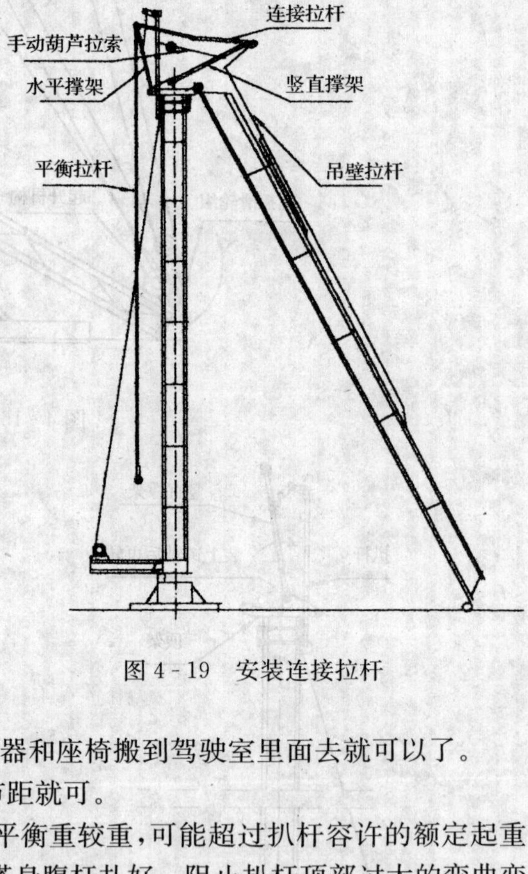

图 4-19 安装连接拉杆

19. 装张力限制器和导绳滑轮。

20. 提升和安装操作室。下回转固定式拼装塔机,由于主要机构与电控均在下面,本可以不设驾驶室,而是用有线遥控或无线遥控操作,驾驶员可以到他自认为合适的地方操作,不用上塔,这样比较安全。但是,一些驾驶员习惯了上回转塔机操作,站在地面遥控反而不习惯。于是为了适应不同人的要求,还是在塔身上部侧面挂一个驾驶室。该驾驶室同样可以用扒杆提升,到达从顶部下数的第二个标准节时,就可用横梁和销轴挂在其侧面。再把遥控器和座椅搬到驾驶室里面去就可以了。

21. 下降扒杆,从最高位降 1～2 个标准节节距就可。

22. 提升平衡重块,仍用扒杆提升。但每块平衡重较重,可能超过扒杆容许的额定起重量。固在降低扒杆后,将扒杆的上段,用绳索与塔身腹杆扎好。阻止扒杆顶部过大的弯曲变形。然后才用扒杆将平衡重块一块块地提起,加到平衡臂上。此操作要特别注意检查,不要使扒杆顶部变形过大。

23. 起扳吊重臂(见图 4-20)。在平衡拉杆的下端装有力矩限制器,其下部装有滑轮组;在平衡臂的末端也装有滑轮组。将起升绳从扒杆内抽出,如图所示绕到滑轮组上。开起起升机构,收紧钢丝绳,平衡拉杆受力慢慢将起重臂扳起来,直到臂架上翘,使平衡拉杆的下端拉板能与平衡臂末端耳板用销轴连接好。再放松起升绳,吊臂慢慢下放到位,最好能留 1°～1.5°上翘量,这样吊臂就安装好了。

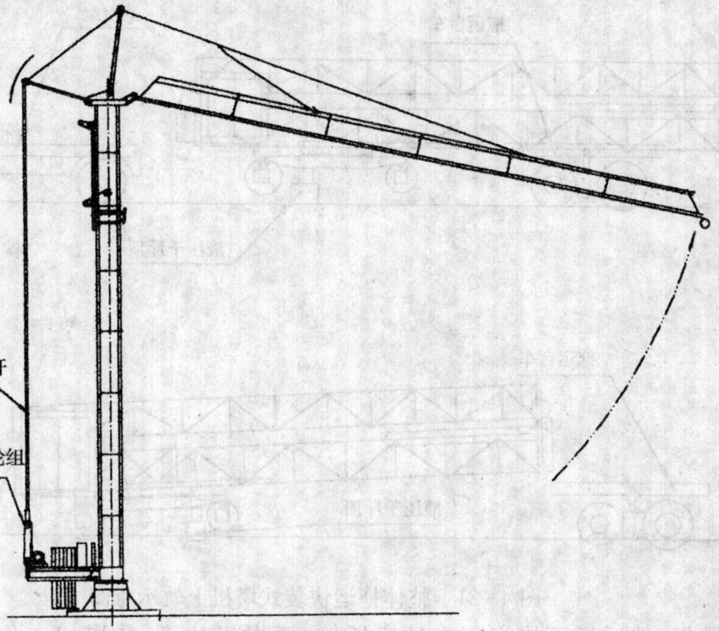

图 4-20 起扳吊重臂

24. 安装电控柜，电控柜安装在平衡臂根部，通常由电气人员进行安装。

25. 按图纸和安全标准要求，接好全部电气线路。包括动力线、控制线、限制器和限位器的线路。试一试各动力机构，看是否有故障。

26. 按工作状态穿好起升钢丝绳。起升绳的走法与上回转塔机差不多，即由起升机构出发穿过张力限制器滑轮，进入导向滑轮下面，引到变幅小车前滑轮上，向下穿过吊钩滑轮，上升进入小车的后滑轮，最后将绳头系到起重臂前端的系绳轮上。在穿绕钢丝绳时，要求用软绳索提起绳头，使起升绳头能自由旋转，以释放钢丝绳的内扭力，防止打扭。这是消除钢丝绳打扭的经验，用一段时间后如发现钢丝绳打扭，可以拆下来，如上法再装一次。

至此，一台固定拼装式下回转塔机的安装已经完成。这是用扒杆自装的过程，最有代表性，也是最省钱的安装方式。如果用汽车吊代替扒杆起吊，其步骤基本相同，没实质性差别。但不要考虑扒杆的负载了，这样安装更为容易，只不过要多付出点汽车吊租用费。

二、整体拖运快装式下回转塔机的安装

整体拖运快装式下回转塔机结构型式又有多种，有塔身为内外套装，安装时内塔身从外塔身中伸出的；有上、下两节塔身饺销连接，拖运时折转，安装时伸直的；还有塔身在地面装好，用撑杆和地锚起扳的。有用滑轮和钢丝绳作安装机构的，也有用液压油缸作安装设施的。这样多的型式，不可能一一作介绍。但大体步骤和安装要点是相同的。在这里我们就以伸缩式塔身、小车臂架式塔机的安装为例来加以介绍。

1. 上轨工作（见图 4-21）

下回转快装式塔机都是轨道行走式塔机，因此首先要解决行走台车怎么上轨的问题。先由牵引车将整机拖入轨道，并对准整机和轨道的中心线，使前后行走台车大体对准钢轨，用拉杆固定好两边支腿。一般下回转塔机安装时，都是借用汽车吊来协助安装。用汽车吊

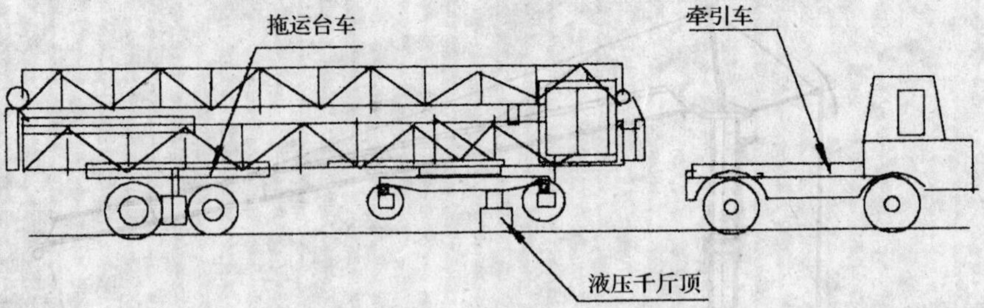

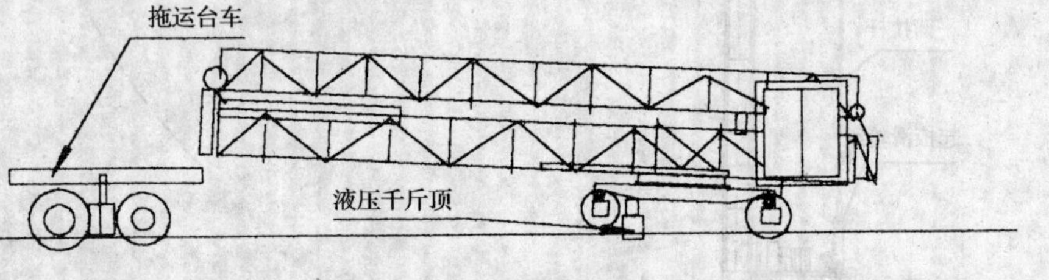

图 4-21 整体拖运快装式塔机上轨示意图

将塔机整机吊起，然后拆下拖运行走的后桥轮，再慢慢放下，使塔机工作时的前后台车轮落在轨道上。这时特别要注意汽车吊的起重力矩，足以吊起整机而保证不倾翻。当没有合适的汽车吊可用时，也可用移动式千斤顶上轨。下面介绍用千斤顶的上轨过程：

①用牵引车将塔机拖入轨道，对准整机与轨道的中心线，用拉杆固定好两边支腿，并将回转平台与底座临时连接，防止回转。

②在回转平台尾部靠中心线处，设置两台大吨位千斤顶，用支承架和垫块支起。按需要先顶起一台千斤顶，使平台尾部稍稍抬起。

③在牵引拉杆与前拖行桥架饺接处插入一个销轴，防止牵引拉杆从平台尾部拆下来时前桥架落地，然后拆除牵引杆与平台尾部的连接销。

④拆除前桥架与塔身连接的销轴，使前桥架完全脱离塔机，再把前桥架从前面移走。

⑤慢慢下降千斤顶，使另一个千斤顶受力，拆除不受力的千斤顶下的垫块，这样使两个千斤顶交替下降，逐步拆除下面的垫块，使平台下降，最后使塔机后面的两行走台车逐渐落在钢轨上，再拆除千斤顶的支承架。

⑥再用四个千斤顶，在顶杆上部垫一块橡皮软垫，放在底架的边缘上。起升千斤顶，使塔机的前支腿向上抬起。拆下拖运后桥，调整前支腿的位置，使前行走台车对准钢轨，缓慢下降千斤顶，使前行走台车落在钢轨上。

⑦用调节拉杆调整前后支腿，使塔机中心对准轨道中线，再用固定拉杆分别固定两对角线支腿，再拆除调节拉杆。

这样一台整体拖运的下回转塔机行走台车完全安放到轨道上。

在没有汽车吊的情况下，按以上方法的逆顺序，即可完成塔机的下轨工作。

2. 竖塔前的准备工作

竖塔前的准备工作有：

①把台车上的车轮用夹轨器夹在轨道上防止移动。

②安装内塔身顶部的后撑架，并将塔顶撑架拉索和折臂钢丝绳搁在起重臂根部的导向

滚轮上。检查各钢丝绳接头是否连接可靠,滑轮有无脱槽现象。并松开外塔身顶部的顶住内塔身的四个螺旋顶紧装置。

③下回转塔机的起升卷筒和安装卷筒同轴,用一个齿轮离合器控制卷筒的转与不转。在竖塔前,起升钢丝绳已按工作方式绕好,先要用手动拨叉接通起升卷筒的齿轮离合器,开动卷扬机,使起升绳放出足够长度。

④将齿轮离合器的外齿断开起升卷筒,接通安装卷筒。

⑤在起重臂方向的轨道中央,从底架起铺一条与端部折臂长度相等的滚道,作为起重臂拆臂节安装时滚动用。

3. 竖塔操作(见图 4-22)

竖塔操作步骤如下:

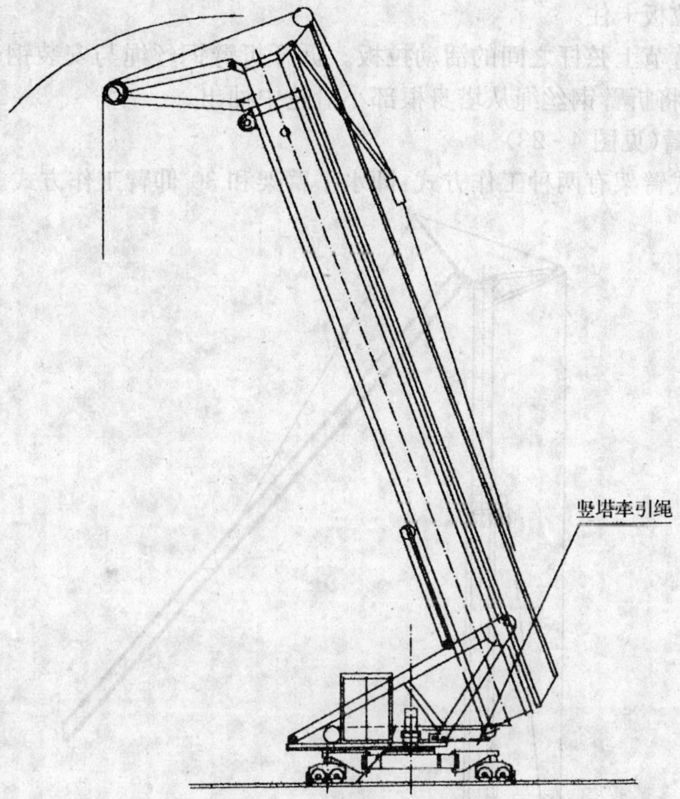

图 4-22 快装式塔机竖塔

①检查内外塔身连接销轴是否插好,没有问题后,慢速起动安装卷筒,使塔身顶部抬起,再插好内塔身顶部撑架拉杆。

②继续起动卷扬机,使塔身绕着回转平台上的三角形撑架铰点转动,直到塔身竖立,并用销轴将外塔身下端与回转平台固定。

4. 吊装平衡重

在吊装平衡重前,要注意防止塔机的后倾。当因场地限制,回转平台不能转到平行于轨道的方向时,这时应先将平台的尾部支承好,以防止平衡重加上去后,因后倾力矩太大,塔机可能带动轨道一起向后倾斜。

在外塔身下部后侧装有吊杆，可以绕其下端的铰轴转动，吊装平衡重时，将安装钢丝绳的末端从塔身上卸下，绕过吊杆上的两个滑轮，与吊装平衡重的吊具连接，驱动安装卷筒，即可吊装平衡重。吊装平衡重后，又将安装钢丝绳末端与折臂钢丝绳连接。

5. 放下折臂节

放下折臂节的操作步骤如下：

①将折臂钢丝绳绕过外塔身根部小滑轮，与安装钢丝绳的末端连接好。开动卷扬机，先把折臂钢丝绳收紧，取下起重臂上的运输连接板，并将两臂节摆正成对称位置，以销轴固定。

②将折臂段靠端部的另一个连接销拔出，开动安装卷扬机，放松钢丝绳，折臂节绕着根部上弦杆端的支点，利用自身的重量向下翻转，直到两臂节的下弦杆销孔能用销轴相连接；然后在折臂节端部装上小滚筒，让它落在地面的滑道上。此时要注意小车牵引钢丝绳不能被两节臂之间的拉板卡住。

③连接好两臂节上弦杆之间的活动拉板。拆开折臂钢丝绳与安装钢丝绳的绳卡，并将安装钢丝绳复位，将折臂钢丝绳从塔身根部小滑轮中抽出。

6. 伸塔和拉臂(见图 4-23)

下回转小车式臂架有两种工作方式：即水平臂架和 30°仰臂工作方式。

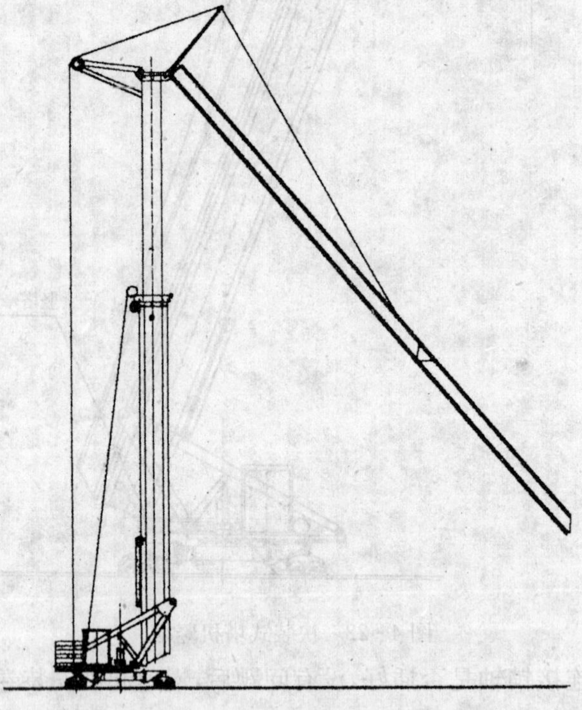

图 4-23　快装式塔机伸塔和拉臂

1)水平臂工作方式：起升钢丝绳的末端固定在起重臂端部。主拉索稍长，由力矩限制器拉板、连接套板和拉索组成，具体长度设计时已确定。当内塔身伸出到位时，应使臂头上翘约 1°～1.5°。如不满足，可用回转平台上的三个插销孔位调整。

2)30°仰臂工作方式：起升钢丝绳的末端先绕过臂端的滑轮，向后返回固定在起重臂小车上。以此办法抵消重物沿臂架方向下滑分力。否则小车牵引力会不够用。主拉索同样由力矩限制器、连接套板和拉索组成，但总长稍为短一点，具体长度由设计计算确定。

在伸塔和拉臂前，先要确定用哪一种工作方式，然后才能决定起升绳的绕绳方式和选择撑架拉索的长度。

操作方法如下：

①将安装钢丝绳绕过内塔身下端的伸缩滑轮，绳头固定在外塔身顶部。再拔出顶部的内、外塔身连接销。

②开动安装卷扬机，安装钢丝绳通过伸缩滑轮组将内塔身托出。起重臂根部也跟着上升，折臂节的头部开始在铺设的滑道上滚动。当内塔身升到一定高度后，由于后部拉索的作用，顶部撑杆竖起来，带动起重臂在升塔过程中向外张开。

③当内塔身下端的轴孔接近外塔上的弹簧销轴时，要注意慢慢点动，不得快速提升，以防冲击过大。

④提升到位后，将弹簧销轴插入内塔身下部的椭圆形大孔中，固定销轴位置，使卷扬下放，内塔身下的椭圆孔落在销轴上。脱开安装卷筒的齿轮联轴节，合上起升卷筒联轴节。

⑤将外塔身顶部的四个顶紧螺栓顶紧，消除内外塔之间的间隙。最后拔出回转平台与底架的连接销轴。一台整体拖运快装式塔机的立塔就算基本完成了。

7. 安装电缆卷筒

行走式塔机为了防止电缆在地面拖行，一般都应装电缆卷筒。电缆卷筒是由一台力矩电机驱动的一个卷筒，电源电缆绕在其上。电缆的另一端固定在轨道端部对准轨道中心线的配电板上。塔机向配电板方向行走时，电缆松弛，力矩电机带动卷筒把电缆绕到卷筒上；当塔机反方向行走时，电缆受张力，超过力矩电机的力矩，电缆卷筒反转，放出电缆。塔机不动，电缆卷筒也不动。下回转行走式塔机安装好后，接着就要把电缆卷筒安装在底架的侧面对着电源一方，并接好电源。为了安全，在轨道的两端的适当位置要固定限位挡块。在两端挡块范围内要设置行程开关，让行走台车及时断电。只有在意外情况下，才靠阻车挡块来限制人车的行走，避免塔机走出轨道范围外而引起倒塔。

电缆卷筒和安全装置全装好后，塔机的架设才算全部完成。然后可以试运转，并把各安全装置调整好，最后才能交付使用。交付使用的塔机一定是安装方和使用方都认可已调试好的塔机。

第七节　塔式起重机安装后的检查和验收

为了保证塔式起重机的使用安全，塔式起重机安装完成以后，都要进行检查和试验，要求达到使用性能后才能投入使用。特别是委托专业安装队伍安装的塔机，是否达到要求，甲乙双方应有验收记录和签字。这样可以防止很多潜在事故危险。

一、一般技术检查

一般技术检查主要内容有：

1. 检查塔机的金属结构，包括底架、塔身、起重臂、平衡臂、塔帽、回转支座、回转塔身等结构件的焊缝是否可靠、饱满、有无锈蚀、开裂等情况。连接螺栓是否拧紧，是否加背帽，有无脱扣窜牙现象。销轴是否插好，开口销张开否。发现问题及时排除。

2. 检查各传动机构，要求运转灵活，齿轮啮合状况良好，运转正常，不发生过大的噪声。

制动器可靠灵活，轴承间隙适中。

3. 检查钢丝绳和滑轮系统。钢丝绳是否断股，滑轮的润滑是否良好，钢丝绳是否都入槽，有无跳出现象，护绳挡板是否起作用。各连接部位是否可靠。

4. 检查电气元件是否良好，接线是否正确，导线的绝缘是否可靠，对地绝缘有没有达到要求。操作指令发出后各触点是否正常工作。有没有虚脱的连接点。

5. 检察各安全装置，包括力矩限制器、起重量限制器、高度限位器、变幅限位器、回转限位器是否起作用，是否调整好，灵敏度和重复度能不能达到要求。

6. 行走式塔机，要检查有没有限位开关，有无阻车设施，走轮与轨道接触是否正常，夹轨器是否可靠等。

二、运行试验

1. 空载运行

起升吊钩在全高范围内上下 2～3 次；变幅小车，全幅度范围来回跑 2～3 次；回转左右共 3 圈范围运行，观察运转是否平稳，有无冲击现象，有无不正常声响。各限位开关是否起作用。减速机有没有漏油、渗漏现象。起升制动是否正常。如有异常，应立即采取措施解决。

2. 负载试验

负载试验包括：

①先按最大幅度额定负载吊重，吊起来后，从内向外变幅，直到最大幅度，观察臂架和塔身变位情况，有无不正常现象。

②按最大起重量的 70% 吊重，吊起来后，上、下几次，同时在相应幅度范围内来回几次，左右回转几次。看运行是否正常，结构变形正常否，起升机构减速机温升是否过快。

③吊最大额定起重量，在容许范围内运行，看运行情况。再略微超幅度，看力矩限制器是否起保护作用。再在 5% 范围内超载，看起重量限制器是否动作，报警断电。如一切正常，证明安全装置已调试好。如安全机构不起作用，必须找出原因，排除故障。

④静态超负荷试验。小车开到最大起重量的最大幅度范围内，将起重量限制器短路，不起作用。将载荷加到 1.25 倍额定最大负荷值，提起约 0.5～0.8m 高，静态在空中停 20 分钟，测量是否有下溜现象。观察结构件是否有永久变形现象。此试验一般在新产品型式试验时才作，老塔机安装后可以不作。因为老塔机结构承载能力早已接受过考验，不会突变。

三、型式试验

新产品试制成功后，要进行型式试验。型式试验的内容较多，要证明产品性能是否达到设计要求，必须测很多数据。比如最大起重能力、最大工作幅度、独力式起升高度、各种运行速度、额定起重力矩下臂根铰点的变位、各种工况下结构应力测试等等。型式试验，一般应请有检测能力和资格的检测机构来做，企业自己没有这么多仪器，测量数据也没有权威性。所以一般产品安装后不一定要作型式试验。如果用户自己有能力作一作，作到心中有数也是好的。新产品试制出来后，最好先在厂内作完型式试验后，再去工地进行工业使用考核，不要一出来就送工地。在工地做型式试验困难较多，而且没通过型式试验，不知道产品是否达到设计要求？是不是可以投入使用？有没有潜在危险？在工地发生问题就比在工厂难处理多了，所以制作企业要注意。

四、可靠性试验

对塔式起重机最严格的考核是可靠性试验。可靠性试验就是将塔机反复去吊重，循环运行，最后衡量有效作业率和平均无故障作业时间。

1. 对建筑用塔机，其可靠性试验的基本循环次数如下：

对起升机构、回转机构，基本循环次数为5000次；对起重小车、牵引机构，基本循环次数为3000次；对动臂变幅机构，基本循环次数为500次；对行走机构，基本循环次数为1200次。

2. 在循环考核过程中，会出现各种故障失效，分为A、B、C三级：

A级失效：在规定的作业期间内，发生人身安全或对产品基本功能有影响的零部件出现重大损坏，致使被测样机发生停车故障。

B级失效：产品零部件失效而导致功能降低的故障。

C级失效：产品零部件出现对其实用性能有轻微影响，或几乎没有影响的轻微缺陷，不会造成被检样机的停车。或者虽然暂时停车，但比较容易修复的故障，如熔断器烧断或脱落，继电器、接触器或碳刷接触不良等，也可以归为C类失效处理。

3. 考核结果，有两个指标：

①有效作业率：

$$A_1 = T_0/(T_0 + T_1 + T_2) \times 100\% \tag{4-26}$$

其中：A_1——有效作业率；

T_0——总的累计作业时间(h)；

T_1——总的修理时间(h)；

T_2——维护保养时间(h)。

②平均A级无故障工作时间($MTBF_A$)：

对于可修复的产品，A级无故障工作时间为：

$$MTBF_A = T_0/N_A \tag{4-27}$$

其中：N_A——在试验作业周期内发生A级故障次数。

③判别合格要求应达到的指标：

$$A_1 \geqslant 85\% \quad MTBF_A \geqslant 200(h)$$

可靠性试验，要花费大量的人力、物力，是种高耗费试验，不是轻易可作得起的。一台塔机，成本几十万，作了可靠性试验后。你说是新品还是旧品，说不清了。为企业考虑，最好还是工业使用考核，到工地去用，连续使用一段时间，也可计算出上面两个指标，而且很符合实用原则。尽量减少无益的损耗，这是检测部门也应当考虑的问题。

第八节 塔式起重机的拆卸

一般地说，塔式起重机的拆卸过程就是安装过程的逆过程。在架设过程中先做的，在拆卸过程中后做，在架设过程中后做的，在拆卸过程中先做。但是架设和拆卸时，条件不完全相同，因此要涉及一些不同的注意事项。拆卸时建筑物已经起来了，场地更受限制，故要更加小心谨慎。因此，我们还是概述一下各种典型塔机的拆卸过程及其注意事项，以补偿一些说明书把拆卸过程过于简单交代的不足。

一、上回转自升塔式起重机的拆卸(见图 4-2～图 4-9)

拆卸上回转自升塔式起重机的步骤如下:

1. 降低塔高。自升式塔机架得很高,首先是拆除标准节降低塔高:

①吊臂转到正前方,回转制动。小车往外开,平衡后倾力矩,使顶升部分的重心大致与顶升油缸轴线重合,必要时还要吊点附加重量。

②拆掉最上面的标准节的上下连接螺栓,将引进滚轮架套在其四根主弦下端,滚轮对准引进横梁。起动泵站,使顶升油缸活塞杆伸出,将扁担梁准确嵌入下一个顶升支板槽内。再顶起塔机上部,带动引进横梁升高,将引进滚轮嵌在引进横梁上,再略提起,使最上面的标准节与下面的标准节完全脱离,这时将标准节拉出来。

③使油缸回缩,同时用绳牵引活动爬爪的尾部立起来,躲开最上面一个顶升支板,继续下降,使活动爬爪搭在下一个顶升支板的顶面。

④油缸再略回缩,将扁担梁从顶升支板槽内抽出。然后油缸再伸出,使扁担梁搭到下一个顶升支板槽内。油缸略伸出,顶起塔机上部,使活动爬爪翻转,躲开刚搭接的支耳板。油缸回缩,塔机上部继续下降,直到回转下支座接触下一个标准节顶部。

⑤用连接螺栓将回转下支座与顶部标准节连接起来,此时可以只装一个螺母,但不可以图省事而不装连接螺栓就起吊。用起升吊钩卸下刚拉出来的标准节。

⑥按照①～⑤的步骤如此反复,继续卸除标准节,降低塔机高度。当顶升套架下部离附着架不到一个标准节高度时,应先拆附着架,然后再拆标准节。当套架下部快碰到底架撑杆时,先拆除撑杆,再继续拆标准节,直到顶升套架完全降下来为止。

2. 用汽车吊拆除平衡重。对于大而长的臂架,可以保留 1～2 块平衡重,以平衡起重臂过大的前倾力矩。对于长度 50m 以下的固定式塔机,可把平衡重全部拆完。但在拆除臂架之前绝不可先拆平衡臂。

3. 拆除起重臂。用汽车吊吊起起重臂,略微上翘,拆除起重臂拉杆,使搁在臂架上弦的固定卡板槽内,然后再拆除起重臂根部的连接销。注意在拆除平衡重之前,绝不许拆起重臂或起重臂拉杆,否则有倒塔危险。

4. 拆除剩余的平衡重块,然后拆除平衡臂。

5. 拆除回转塔身和塔帽的组合体。

6. 拆除回转部分的总成组合体。

7. 拆除顶升套架。

8. 拆除底节和底架。

二、上回转内爬式塔机的拆卸

内爬式塔机构造上虽然是一台上回转塔机,其安装过程类似上回转塔机(见图 1-6)。但安装好后,它是利用电梯井道和爬梯逐步爬到建筑物顶部的。爬升过程有点类似自升式塔机的顶升,但受力点是爬梯和井道支耳板。当建筑物完工以后,就不能按反程序再放下去,而必须在屋面逐步拆除并放下来,这是一个与现场工作条件和采用的辅助设备有关的拆卸方法,体现了工程人员的智慧,而没有完全统一的拆塔模式。这里只能大致介绍一下内爬

塔机的拆塔过程(假定采用的辅助工具是一台屋面吊(见图 4-24):

1. 用塔机将屋面吊吊到楼房顶面,并安装在能承受较大力量的剪力墙的顶部,用预埋螺栓将屋面吊的工字梁底架连接牢固。

2. 降低高度。利用下边的内爬爬升装置,先把内爬塔机往下放,直到回转支承靠近屋面,无法再下降为止。

3. 将变幅小车开到臂端,以减少不平衡力矩。

4. 将平衡臂转到屋面吊的工作区,利用屋面吊逐块拆除平衡重块,并一一卸至地面。随着平衡重的卸除,后倾力矩减小,可以把变幅小车开到臂根附近。并将其捆扎好。

5. 将塔机回转 180°,使起重臂靠近屋面吊。

6. 拆除起重臂。具体操作如下:

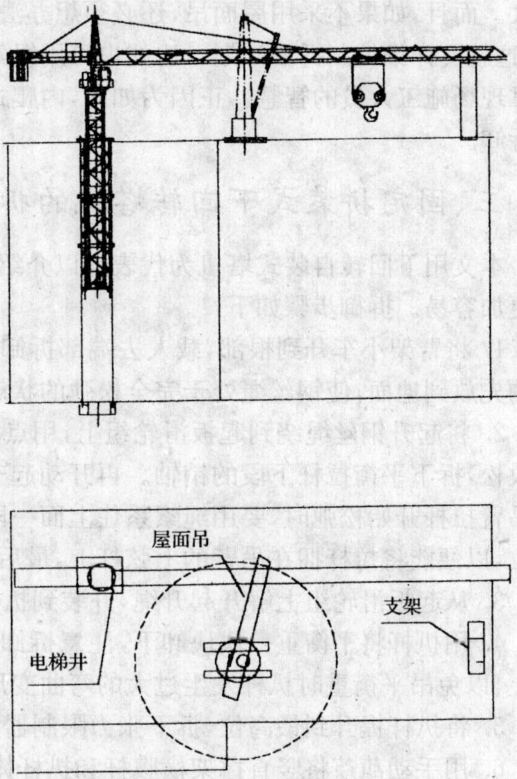

图 4-24　内爬塔机拆塔图

①先把起升钢丝绳从臂端拆下,拆除吊钩,再把起升钢丝绳绕在安装拉杆时用的在塔顶处的动滑轮组上,并卡好绳卡。开动起升机构,收紧起升绳,拉杆就带动臂架稍稍上翘,而拉杆顶部的拉板松弛,拆除靠近动滑轮的拉杆销轴,放松起升绳,起重臂慢慢落下,在臂端方向安置一支承架,使起重臂端落在支架上。

②临时用钢丝绳将臂架与屋面吊底座联起来,以防拆除除臂架根部铰销后向外滑移。

③开动起升机构收回起升钢丝绳。将臂架拉杆从起重臂上拆下来。

④利用屋面吊将起重臂根部吊起,拆除根部销轴,将起重臂放在楼面。再逐节拆除臂架,用屋面吊卸到地面。

7. 拆除平衡臂。再将塔机回转 180°,使平衡臂靠近屋面吊。先拆除平衡臂上的起升机构,如起重力不够,可解体拆除,分别卸到地面。再利用屋面吊吊住平衡臂端部,略向上提起,拆除平衡臂拉杆。再慢慢将平衡臂端放至楼面。再用屋面吊吊住平衡臂根部,拆除连接销轴,将整个平衡臂放到屋面。再拆开臂节,用屋面吊卸到地面。

8. 依次用屋面吊拆除塔帽、驾驶室、回转机构、回转上支座、回转支承、回转下支座、顶升套架内顶升节,逐项卸至地面。

9. 起动内爬装置的液压系统,使塔身上升一个标准节,停下来,拆除顶上来的标准节。如此反复,把所有节架拆完,一一送至地面。

10. 拆除爬梯和框架,都一一送至地面。

11. 拆除屋面吊本身。将屋面吊全部解体,利用土建工程上的升降机,将各部件一一送到地面。

至此，内爬塔机的拆除工作全部完成。从上面可以看出，它与自升式塔机拆卸过程差别很大。而且，如果不采用屋面吊，还必须想办法能把各部分一一拆至楼面，再一件件送到地面，这就要详细编制拆塔计划。比如也可用绳索和卷扬机来辅助卸塔。但具体怎么做，必须依靠现场施工人员的智慧。正因为如此，内爬式塔机是不轻易用的，它不如附着式塔机那么好拆卸。

三、固定拼装式下回转塔机的拆卸（见图 4-12～图 4-20）

本文用下回转自装式塔机为代表加以介绍，至于用汽车吊辅助拆卸，其步骤基本相同，且更加容易。拆御步骤如下：

1. 将臂架小车开到根部，载人去端部拆卸起升钢丝绳和吊钩。注意在拆绳头时，要让吊钩先放到地面，使钢丝绳处于完全松弛的状态。

2. 将起升钢丝绳绕到起扳滑轮组上，用点动开动起升机构，收紧钢丝绳，使平衡拉杆下端放松，拆下平衡拉杆下段的销轴。再开动起升机构，慢慢放下吊重臂。在放吊臂过程中，当吊臂拉杆开始松弛时，要用绳索系住上面一段，一边放松一边将吊臂拉杆往臂根的上弦方向拉，以便能将拉杆捆在吊臂的上弦杆上，最后再拆除吊臂拉杆的连接销。

3. 从起扳滑轮组上解开起升绳，并装到扒杆上。

4. 用扒杆将平衡重一块块卸下，注意拆卸平衡重时，扒杆的上段要用绳索扎在塔身腹杆上，以免吊平衡重时扒杆发生过大的弯曲变形。

5. 将扒杆提升到最高位，拆下张力限制器和引导滑轮。

6. 用手动葫芦将竖直撑架横腹杆和扒杆体连起来，以控制其上翘角度。再用扒杆吊钩钩住水平撑架的上部，拆除连接拉杆的连接销，慢慢放下水平撑架。

7. 用扒杆吊钩钩住水平撑架的根部横梁，拆除水平撑架和平衡拉杆。

8. 用手动葫芦拉起竖直撑架往上翘，使靠拢扒杆，撑住扒杆的额头，用绳索将二者扎好，形成临时塔帽，然后准备拆除吊重臂。注意！此时绝对不许单独用扒杆去起吊起重臂根部！在拆除吊重臂时，先用吊索从臂根横梁下面套住下弦杆，挂在扒杆吊钩上，点动起升机构，让起吊索受力，但不可过分，目的只在于使臂根铰点的销轴减轻负载。拆下臂根铰点的销轴。开动起升机构，下放钢丝绳，吊臂根部下落，同时将臂端借助滚轮往外拉，直到臂根接近地面，用支架把臂架架好。这是拆塔过程中最关键的一步，必须细心谨慎操作。

9. 用扒杆吊钩从后侧钩住竖直撑杆中上部横梁，慢慢将竖直撑杆往前推，使向前倾，同时放松起升绳。当前倾到一定的程度，拆下竖直撑杆根部的连接销。吊起竖直撑杆放到地面。

10. 拆除顶架，用扒杆吊起放到地面。

11. 将扒杆下降一个标准节距离，然后用扒杆吊钩钩住套在标准节内水平框架上的起吊索。拆下该标准节的连接螺栓。吊起刚拆下的标准节放到地面。如此反复，一步步降扒杆，一步步拆除上面的标准节。直到只留下一个标准节。

12. 将起升绳绕成 5 倍率吊起平衡臂尾部，其方法与安装时相同。慢慢放下平衡臂尾部。然后再吊起平衡臂根部横梁，拆除根部销轴。放下平衡臂。

13. 拆除回转机构。

14. 拆除扒杆套架，放下扒杆。

15. 拆除塔身标准节的底节。

16. 把扒杆带爬升架立在底架的后侧，捆扎在底架主弦上。用扒杆起吊来拆除回转上支座。

17. 依次拆除回转支承和回转下支座。

18. 拆除底架和底梁。固定式下回转塔机拆卸工作完成。

四、整体拖运快速安装式下回转塔机的拆卸

本文仍以前面述说过的小车臂架伸缩式塔身的快装式塔机为代表，来说明拆卸过程（见图 4-21～图 4-23）：

1. 将塔机开到适合拆卸的位置，在行走台车上装好夹轨器，臂架转到平行轨道的方向，并将回转平台与底架用销轴连接好。如因条件所限，臂架回不到与轨道平行方向，则应将回转平台尾部支撑好。

2. 松开外塔身顶部的四个顶紧螺栓。

3. 脱开起升卷筒齿轮联轴节，合上安装卷筒齿轮联轴节，开动安装卷扬机，使安装钢丝绳受力，拔出内外塔身的连接销轴。

4. 开动安装卷扬机，慢慢将内塔身往下放，起重臂在下放过程中同时也慢慢向内折转，靠向塔身，当臂架端部触地时，注意把折臂节端部往外拉。直到内塔身与外塔身连接销孔快到位时，以点动方式对准连接孔位，将连接销插入。

5. 提升折臂节。具体操作如下：

①将折臂钢丝绳绳端绕过外塔身下的小滑轮，与安装钢丝绳连接起来。

②取下两臂节之间的活动拉板，用销轴将两臂节的上弦杆端部支点连接，拆开两臂节下弦杆的连接销轴。

③开动安装卷扬机，收紧安装钢丝绳，提起折臂节绕上弦杆端支点旋转，一直到两臂节上一个连接销孔对准，插上连接销。

④将折臂节转动一个角度，装上运输连接板。

6. 卸下平衡重块。

7. 将安装钢丝绳绕到起扳塔身的滑轮组上．．拆除外塔身与回转平台的连接销。在外塔身顶部的后方系上牵引绳，开动卷扬机，放松安装钢丝绳，同时用力拉牵引绳，使整个塔身慢慢向后倾斜，倾到一定程度，拆除内塔身顶部的拉杆，收紧撑架。再放下塔身。

8. 拆除电缆卷筒，拆除电源。

9. 用四个千斤顶顶起底架的边缘，让前行走台车抬起，将拖运后桥装到底架下面。

10. 再用两个千斤顶，搁在支架上，用交替加垫块顶升的办法，顶起回转平台，将拖运前桥装上，与塔身用连接销轴连接好，并装上牵引拉杆。拆除工作基本完成。

11. 将牵引车倒退，与前桥牵引架连上，就可将塔机整体拖走了。

第五章　塔式起重机的使用和维护

塔式起重机是大型产品，又是安全要求很高的产品，施工企业买台塔机很不容易，因此正确掌握使用维护知识，避免事故，延长机械的使用寿命具有特别重大的意义。一台塔机工作得好不好，固然与设计质量、制作质量关系很大，但同种型号的塔机在不同的用户手里，发挥的作用与效益，差别也很大，这充分说明用户使用、维护得好与差对设备的损耗起了决定性的作用。

第一节　对用户使用、维护和管理的基本要求

塔机用户应做到：

1. 用户对塔机应当建立管理档案。包括进入施工单位的塔机使用说明书、发货清单、备品备件、安装移交记录等，作到有据可查。

2. 必须制订塔机的维护保养制度，并严格执行。要求设备管理人员能了解自己的塔机的运行状况，是否有过什么故障，处理好没有。并有记录。

3. 正确处理好使用和维护保养的关系，不能只重使用，放松保养。实际上维护保养得好，可以大大提高使用效率，减少事故损失。

4. 必须对操作人员进行技术培训，加强使用、维护和保养的基本知识的教育，培养他们自觉地爱护机械设备的习惯和风气，掌握基本技能和技巧，严格遵守操作规程。禁止无证人员上岗操作。

5. 准备必要的物质条件，满足维护保养作业的需要。如油壶、注油枪、油杯、漏斗和专用工具设备，按期按量提供棉纱、润滑油，按时供应所需的备品和配件。

6. 在特殊施工条件下，要改变塔机的安装施工条件，必须与供应单位取得联系和协商，不可自以为是地作出变更。必要时必须向设计单位和专业人员进行咨询。

7. 为塔机正常使用创造必要的环境条件，比如施工空间避免碰撞、灯光照明、供电环境、防水浸泡等。对操作人员，要尽可能地提供舒适、方便的工作条件，注意降温和取暖，减少他们的疲劳和分散注意力。

第二节　操作人员应有的基本安全意识

一台塔机使用是否正确，维护保养是否周到有效，关键在操作人员。操作人员要清楚地意识到，自己掌握的不仅是一台大型设备，而且掌握着自己和工地上一部分人的生命安全，责任很重，必须时刻小心谨慎。作为一个操作人员必须深刻地懂得：塔机最可怕的是倒塔，其次就是碰撞和机构的损坏。要千方百计防止塔机失去平衡、防止碰撞、防止过载等事故。

一、防止倒塔

超力矩是倒塔的根本原因。因此操作人员要绝对防止超力矩。造成超力矩有如下一些原因，应引起操作人员的高度注意：

1. 力矩限制器失灵或没有调整好就使用。力矩限制器只有超力矩才动作，平时不动作，因此往往不引起注意。操作人员平时要有意识地检查一下，压一压力矩限制器上行开关的触头，看一看报警铃还响不响。响即证明能正常动作。如不响，就证明有故障，应先修后操作，至于没调整好就使用，是严重违章，非常危险。当然，建议最好能装力矩显示器，一起吊就能知道起重力矩是多少，离危险状况还有多远。操作人员应拒绝在力矩限制器不正常的情况下上塔机操作。

2. 水平平拉起吊。塔机是禁止平拉起吊的。但工地上完全垂直状态起吊也难作到。一般作计算时，考虑了吊索倾斜 3°($\tan3°=5\%$)的水平力。水平分力 5%，但产生的力矩可不是 5%，因为水平分力的力臂是独立式高度，是比较大的。所以不可小看 3°的倾斜角。最可怕的是用吊索斜拖物品，你不知道阻力系数是多大，危险性很大。所以操作人员要主动拒绝平拉起吊。

3. 风力过大起吊。风荷会增加倾翻力矩。在使用说明书上规定禁止 6 级风以上作业。操作人员应引起注意，风力太大，不应去起吊。

4. 为了扩大作业面，故意短路掉力矩限制器。这是严重违章作业！严重威胁操作人员自身安全，应坚决抵制。

二、防止碰撞

1. 起重机操作人员，应在得到地面的指挥信号后进行操作。而且操纵前应当按响电铃，以提起相关人员知道，起重机将要运行了。

2. 操纵时应当精力集中，随时观察吊钩的运行情况和位置，注意周围是否有障碍物存在。下班时，吊钩必须升到最高障碍物以上。

3. 要熟练掌握重物惯性作用，提前降速和停车，还要学会稳钩技术。尤其是对回转惯性，一定要提前停车，不可到位才停车，否则臂架和重物都停不下来，对不准工位，容易碰撞。当然具体提前多少，要靠自已积累经验才能掌握。稳钩技术，包含一定的力学知识，不是很容易就学会的，我们后面在操作技巧里还要介绍。

4. 当下面有碰撞对象时，尽量提早提升吊钩避免相碰，不能等到快到了才提升吊钩。因为惯性摆动常常看不准，容易发生碰撞。反之在放吊钩时，不能放得过低，以免吊钩摆动伤人。

5. 当有人在塔机上搞维修调整工作时，不得起动塔机运转。

三、防止过载

造成过载常常有如下一些情况，操作人员要注意防止：

1. 起重量限制器失灵或没有调整好就使用塔机。与力矩限制器同样的原因，因为动作不常发生就没有引起重视和注意，失灵后不知道。因此要常按一下起重量限制器开关触头，看电铃是否报警。如有故障及时排除。不调整好起重量限制器就使用塔机，是严重违章作业。潜伏有事故危险。应抵制这种作法。

2. 用起重机起吊一些超重物品，故意短路掉起重量限制器，这同样是严重违章，很容易损坏起重机。应自觉制止。

3. 连续不断的满载起吊，虽然不一定超载，但会超过起升机构的负荷率。塔机设计时起升机构的负荷率 $JC=40\%$。不可以连续满载起吊，否则对机器同样会有损害。

4. 在高温下连续作业。在炎热的夏天，环境温度很高，对机器散热很不利。连续发热，会使机器超负荷，应注意防止。

5. 连续使用低速起升。低速起吊，散热条件不好，特别是使用涡流制动器，负荷很大，电流值大，很容易使电机发热，以至烧坏电机，所以操作者应当很明白这个道理，不许连续使用低速起升。一般规定，低速档的负荷率 $JC=15\%$，也即每 10 分钟低速档累计使用时间应当小于 1.5 分钟。单次连续使用时间不宜超过 40 秒。

第三节 塔机四大机构的操作要求及注意事项

一、对起升机构的操作要求及注意事项

起升机构操作要作到平稳准确，防止冲击和过载。为此操作人员必须了解自己所操作的塔机的构造和性能，特别是起升机构的调速方式，并遵守以下操作注意事项：

1. 起吊重物时，必须按低、中、高调速顺序起钩。每档至少停 4 秒以上，不得越档，以免引起冲击；反之停车时，应按高、中、低调速顺序操作。这样就位准确，制动平稳可靠，且磨损小。

2. 低速档主要用于慢就位，不得长期连续使用，以防烧坏电机。

3. 对于双速绕线带涡流制动起升机构，不仅低速档，而且带电阻运行的Ⅱ～Ⅲ档，也不宜使用时间过长。因为此时速度较低，电阻一直处于发热壮态，太久了容易烧坏。稳定的使用状态是切除电阻后的中速档和高速档。

4. 重载下不宜打高速。特别是所吊重物的实际重量不知道的情况下，不宜轻易打高速。高速档主要用于轻载和落钩。重载下以切除电阻后的中速档为最合适的运行档次。

5. 重物已吊起一定的高度，如发现有下滑现象，应立即打回低速档，切勿打向高速档。因为在功率一定的情况下，起重量与速度成反比，重载低速，轻载高速。发现下溜，本已是力量不够的表现，打入高速，提升力更不够，只会加速向下溜车，很危险。返回低速档，既然它开始吊得起来，那么现在它也能吊得起来。如怕过热，也应在低速档停车。

6. 对于用电磁离合器换档的起升机构，在重载下禁止在空中换档。

7. 不要过多的连续使用点动。因为点动是一个起动过程，电流和力矩都有很大的冲击，过多使用点动对电机、电器和传动机构都很不利。特别是在满载情况下，冲击更大。

8. 下放吊钩时，注意不要轻易使吊钩落地。吊钩落地，钢丝绳松弛是反弹乱绳的重要原因，要尽量减少乱绳发生的机会。卷筒若乱了绳，宜理好后再进行操作。

9. 凡接近上限位和重物落地时，必须提早降速，用低速就位，要防止对目标的冲击。

10. 钢丝绳打扭严重，宜停止操作，要求拆下绳头，用细绳牵住绳头，尽量放出绳长，释放内扭力，然后再装上去。

二、对回转机构的操作要求及注意事项

对回转机构操作的总的要求是平稳准确。塔机回转时，惯性很大，起动时静态惯性大，并不容易起动，力矩过大又易于形成冲击；停车时动态惯性大，要想停还停不下来，停急了又会发生扭摆现象。而且臂端回转线速度大，要想就位就更困难。这就要求操作者会积累经验，掌握技巧。一般情况下，要求操作者注意下列事项：

1. 起动回转，一定按低、中、高的顺序提速，绝不要越档。回转加速度越大，惯性也就越大，振摆现象也就越严重。

2. 在回转到位前，就要求提早降速和停车。这是需要经验和技巧来掌握的。可能开始掌握不好，要注意摸索经验，大致提前多少角度为宜。带涡流制动器的回转机构可能好一些。但中小塔机往往不带涡流制动，所以回转就位要困难一些。但是，在操作运行中，不容许使用回转定位的常开式电磁制动器来进行制动。否则可能造成扭摆。

3. 在低速下，可以使用逐步点动回转就位。

4. 鼠笼式电机驱动的回转机构，如发现起动冲击过大，可以将液力偶合器的油适当放出，以软化起动特性。

5. 调频调速回转机构，降速停车时，可一下打到低频档，停留一会，使速度降下来再打到停车。不要一步步去降低频率，以免产生振摆现象。原因是一步步降低频率时，回转电机可能时而处于发电机状态，时而处于电动机状态，掌握不准，容易振摆。如果一步就打到低频，回转电机就只会处于发电机制动状态，等速度降下来了也就不会有多大的冲击振摆。本来回转电机，可以一步就断电停车，它也可以慢慢停下来，不会有振摆冲击。但这种停下来是靠阻尼溜车停下来的，要的时间较长，溜车距离较大。调频电机打低速档，不断电，就会形成一个低速旋转磁场，起制动作用，就可以让电机较快地降速，比马上断电停车要好。

6. 下班时，在把吊钩提到足够高以后，一定要放开回转制动，让起重机臂架能自由回转。

三、对变幅机构的操作要求及注意事项

变幅机构只水平移动，负载较轻，线速度也不高，因此应当便于掌握和操作。然而变幅涉及到起重力矩的改变，如不及时停车，就会有发生超力矩的可能。因此对变幅操作的主要要求是平稳停车准确就位。应该做到：

1. 变幅操作起动时要严格按照低、中、高速度的顺序起动，停车是按高、中、低的速度顺序停车。

2. 减小幅度，不仅减小起重力矩，也要会减小回转线速度。因此当远处起吊时，提起重物后，宜先将小车往回走，减小一定幅度后再回转。回转方位差不多准确后，再对着下放目标变幅就位。变幅就位时最好是由内向外走，比较合理安全。可避免过大的回转力矩。

3. 在接近下放目标前，就要提早降速。一般用低速运行慢就位。单速运行的变幅机构，要考虑惯性作用，提早停车，等摆动停下来后再用点动就位。在接近障碍物或人的情况下，宜先提高一点，后再放下，防止摆动碰撞。

4. 当变幅牵引绳产生伸长而松弛下垂时，会使小车产生不均匀的爬行现象，这时宜停止操作，先张紧牵引钢丝绳，后再操作。

以上所述，主要是对小车变幅塔机来说的。对于动臂变幅塔机的变幅机构，它本来就是一台功率较大的卷扬机。变幅时重物和臂架都会升降，安全要求更高。动臂式塔机，一般不容许在额定起重力矩情况下变幅，这一点要引起特别的注意。动臂变幅对制动器要求也很高，绝对不容许制动打滑，否则越滑力矩越大，制动越困难，故一定要低速制动停车。动臂变幅就位时，一般应该是从外往内就位比较安全。因为这样变位是起重臂就位，力矩越来越小，变幅时制动比较可靠。

四、对大车行走机构的操作要求及注意事项

操纵塔机大车行走，最重要的是防止惯性力过大造成整体倾翻。大车行走速度不高，但由于其质量很大，所以惯性大。防止倾翻最重要的是适时降速和制动。对于大塔机，一定要先降速，后停车制动，而且制动力矩先小后大缓慢加上去。对于小塔机，行走机构通常是蜗轮蜗杆自锁制动，比较柔和。大车制动停车位置，一般要离开端部限位挡块 5m 以上。不容许太靠近端部。

五、对起重机的稳钩操作要求及注意事项

塔式起重机高度较大，吊索悬挂较长，因而运转时吊钩容易摆动，这是客观存在的现象。所谓稳钩操作，是怎么使摆动的吊钩较快地停下来，或者是怎么使吊钩在起重机开始运行时能随着移动，尽量减小摆动的操作方法。稳钩操作是驾驶员应当掌握的操作技巧。

吊钩发生摆动，是因为它受到水平方向的力，这个力常常是因为重物的惯性滞后而发生。一旦发生后就来回摆动，水平力的方向交替变化。如果吊钩在水平方向受力时，能设法使这个力消失，那就能消除摆动，就可稳钩。下面分几种情况论述：

1. 吊钩在圆周方向摆动。这要靠操纵回转机构来消除。在吊钩摆到某一方向最大幅度时还尚未摆回来的瞬刻，短时起动回转，使吊臂向吊钩摆动方向转，就能减少吊索摆动。

2. 吊钩在径向摆动。这要靠操纵变幅机构来消除。当吊钩向内摆到最大摆动幅度还未向外摆的瞬间，短时起动变幅机构，使小车向内变幅，这就会消除吊索的倾斜角度，减小水平分力，从而消除径向摆动。

3. 吊钩在塔机轨道平行方向摆动，要靠操纵行走机构来消除。当吊钩摆到最大幅度还尚未回摆时，顺着摆动方向起动行走机构就可以消除摆动。

4. 综合的斜向摆动。这就要抓住主要矛盾，先消除摆动最大的方向上的摆动，再消除与之垂直方向上的摆动。或者回转与变幅可以同时并用，运行得当，可以很快消除摆动。

为了减少起动机构时的摆动，可以分二次起动，比如大车要较长距离行走时，可先把行走或回转在相应方向开动一下，使吊钩产生人为的摆动，当吊钩摆到移动方向最大幅度还未回摆时的瞬间，再起动行走机构，这就是二次起动。这时就可以使吊钩比较平稳地随吊车运行，消除来回摆动。

注意稳钩方法的技巧一定要掌握好时机和方向，如果方向搞反了，不仅稳不住，反而会加大摆动。这就是操作技巧的重要性。其关键是二次起动应当是向着减小吊索倾斜角的方向，减小倾斜也就能减小水平力。

第四节　电气系统操作使用注意事项

电气系统故障是塔式起重机使用中发生故障最多的，当然这与电气元件的质量有关。但正确的操作使用，可以保护电气元件，延长使用寿命，减少故障次数，提高利用率。为此，建议用户要注意以下事项。

一、塔式起重机新装或转移工地后对电气设备的检查

安装新塔机或将塔机转移到一个新工地后，在投入正常使用前，应做如下几个方面的仔细检查：

1. 根据当地的电源电压，对电气设备要进行正确的连接与调整

①三相电动机、电磁铁、各种控制电器的额定工作电压是否与当地的供电电压相符。如不符，要作出相应的变更调整。一定要使供电电压符合塔机使用要求；或者改变塔机电器的接线，撤换不同额定电压的电器，使之符合当地供电电压的要求。

②要考虑到改变电机或电器的接线方式或调换电器后，对其额定输出功率会带来影响，或者会增大输入电流。于是要重新对供电保护器（如过电流保护器、熔断器、热继电器）进行相应的调整。

2. 检查电动机电阻

用兆欧表（又称摇表）检查电动机三相绕组之间和每相绕组对外壳的绝缘电阻，其值至少应大于0.5MΩ。还要检查导线、电缆的绝缘情况。对破坏处要包扎好或更换。

3. 检查电气设备

查看一遍所有电气设备，如电动机、控制器、接触器、电阻器、集电环及熔断器、过电流继电器等。看其动作、运行情况是否正常，电机的响声是否正常，轴承中有无黄油。还要检查不带电部分的接地情况是否良好。

4. 通电进行控制电路试验

①将所有操作手柄拨在中位，按动“起动”按钮，查看总接触器的动作情况，再按“停止”按钮，总接触器应跳开。

②把任一个控制手柄拨到工作位置上，再按“起动”按钮，总接触器应不动作，则说明零位保护已发挥作用。

③接通总接触器后，再拨动安全保护触头（如高度限位器、重量限制器、力矩限制器），再开动起升机构。此时，应当开不动。说明安全装置及其连接的电路正常。

④分别接通各个接触器，依次拨通相应的限位开关和过电流继电器常闭触头，查看其切断控制电流的能力。

5. 接通主电路进行试验

①使各台电机依次运转，查看其起动、运转是否平稳、正常，有无杂音。同时要观察多速电机与滑环电机的调速情况。如发现问题要查明原因，予以解决。

②分别拨动起升、回转、小车、大车的控制器，查看操作方向与实际运行方向是否一致，如不一致，就要调整过来。

③分别操纵塔机各机构，观察高度限位、小车行走限位、大车行走限位、回转限位，其限

位开关是否与运行方向相配一致，并能准确动作断电，否则就要调整好。

6. 对整机各部分的电线、电缆及其连接处进行全面检查

在电线的接头处、弯折处和接触高温的地方尤其要加强检查。这些地方最容易折断电线，损坏电源，所以必须重点查看，发现隐患要及时处理或更换新的电线电缆。

二、电气设备的故障、排除和保养

1. 电气设备的常见故障及其排除方法

塔式起重机在工作中可能出现各种故障，这是很自然的，尤其在电气设备方面故障较多。现将一般常见故障及其排除方法列表如下(见表5-1)，供用户参考。

表5-1 塔式起重机电气设备常见故障及其排除方法

序号	故障现像	检查办法	故障产生的可能原因	排除办法
1	通电后电机不转	观察	1. 定子回路某处中断 2. 保险丝熔断，或过热保护器、热继电器动作	1. 用万用表查定子回路 2. 检查熔断器、过热保护器、热继电器的整定值
2	电动机不转，并发出嗡嗡响声	听声	1. 电源线断了一相 2. 电动机定子绕阻断相 3. 某处受卡，或负载太重	1. 万用表查各相 2. 万用表量接线端子 3. 检查传动路线 4. 减小负载
3	旋转方向不对	观察	接线相序不对	任意对调两电源线相序
4	电机运转时声音不正常	听声	1. 接线方法错误 2. 轴承摩擦过大 3. 定子硅钢片未压紧	1. 改正接线法 2. 更换轴承 3. 压紧硅钢片
5	电动机发热过快，温度过高	1. 手摸 2. 温度计量 3. 闻到烧焦味	1. 电机超负荷运行 2. 接线方法不对 3. 低速运行太久 4. 通风不好 5. 转子与定子摩擦	1. 减轻负荷 2. 检查接线方法 3. 严格控制低速运行时间 4. 改善通风条件 5. 检查供电电压，调整电压
6	电动机局部发热	同上	1. 断相 2. 绕阻局部短路 3. 转子与定子摩擦	1. 查各相电流 2. 查各相电阻 3. 查间隙、更换轴承
7	电机满载时达不到全速	转速表测量	1. 转子回路中接触不良或有断线处 2. 转子绕组焊接不良	1. 检查导线、电刷、控制器、电阻器，排除故障 2. 拆开电机找出断线处焊好
8	电机转子功率小 传动沉重	观察 听声音	1. 制动器调得过紧 2. 机械卡住 3. 转子电路、所串电阻不完全对称 4. 电路电压过低 5. 转子或定子回转中接触不良	1. 适当松开制动器 2. 排除卡的因素 3. 检查各部分的接触情况 4. 查电源电压 5. 查各接触端子
9	操纵停止时，电动机停不了	观察	控制器(或接触器)触点放电或弧焊熔结及其它阻碍触头跳不动	检查控制器、接触器触头的间隙，清理或更换触头

续表

序号	故障现像	检查办法	故障产生的可能原因	排除办法
10	滑环与电刷之间产生电弧火花	观察	1. 电动机超负荷 2. 滑环和电刷表面太脏 3. 电刷未压紧 4. 滑环不正,有偏斜	1. 减少载荷 2. 清除脏物 3. 调节电刷压力 4. 校正滑环
11	电刷磨损太快	观察	1. 弹簧压力过大 2. 滑环表面磨擦面不良 3. 型号选择不当	1. 调节压力 2. 研磨滑环 3. 更换电刷型号
12	控制器扳不动或转不到位	拨动控制器	1. 定位机构有毛病 2. 凸轮有卡住现象	1. 修理定位机构 2. 去掉障碍物
13	控制器通电时电动机不转	观察	1. 控制器触头没接通 2. 控制器接线不良	1. 修理触头 2. 检查各接线头
14	控制器接通时过电流继电器动作	观察	1. 控制器里有赃物,使邻近触点短接 2. 导线绝缘不良,被击穿短路 3. 触头与外壳短接	1. 除尘去脏 2. 加敷绝缘 3. 矫正触头位置
15	电动机只能单方向运转	观察	1. 反向控制器触头接触不良 2. 控制器中转动机构有毛病或反向交流接触器有毛病	1. 修理触头 2. 检查反向交流接触器
16	控制器已拨到最高档电机还达不到应有速度	观察	1. 控制器与电阻间的配合线串线 2. 控制器转动部分或电阻器有毛病	1. 按图正确接线 2. 检查控制器和电阻器
17	制动电磁铁有很高的噪音,线圈过热	观察	1. 衔铁表面太赃,造成间隙过大 2. 硅钢片未压紧 3. 电压太低	1. 清除赃物 2. 纠正偏差,减小间隙 3. 电压低于5%,应停止工作
18	接触器有噪音	听声	1. 衔铁表面太赃 2. 弹簧系统歪斜	1. 清除工作表面 2. 纠正偏斜,消除间隙
19	通电时,接触器衔铁掉不下来	观察	1. 接触器按放位置不垂直 2. 运动系统卡住	1. 垂直安放接触器 2. 检修运动系统
20	总接触器不吸合	观察	1. 控制器手柄不在中位 2. 线路电压过低 3. 过电流继电器或热继电器动作 4. 控制电路熔断器熔断 5. 接触器线圈烧坏或熔结 6. 接触器机械部分有毛病	逐项查找并排除
21	配电盘刀闸开关合上时,控制电路中就烧保险	用摇表或万用表测控制电路	控制电路中某处短路	排除短路故障
22	主接触器一通电,过流继电器就跳闸	同上	电路中有短路的地方	排除短路故障
23	各个机构都不动作	用电压表测量电路电压	1. 线路无电压 2. 引入线折断 3. 保险丝熔断	1. 检修电源 2. 万用表查电路 3. 更换保险丝

续表

序号	故障现像	检查办法	故障产生的可能原因	排除办法
24	限位开关不起作用	观察	1. 限位开关内部或回路短路 2. 限位开关控制器的线接错	1. 排除短路故障 2. 恢复正确接线
25	正常工作时，接触器经常断电		1. 接触器辅助触头压力不足 2. 互锁、限位、控制器接触不良	1. 修复触头 3. 检查有关电器，使回路通畅
26	安全装置失灵		1. 限位开关弹簧日久失效 2. 运输中碰坏限位器 3. 电路接线错误	1. 更换弹簧 2. 更换限位开关 3. 按图纸要求重新接线
27	集电环供电不稳		1. 电刷与滑环接触不良 2. 电刷滑环偏心 3. 电刷过分磨损或弹簧失效	1. 更换或修理电刷 2. 检修集电环 3. 更换或修理电刷弹簧

2. 电气设备的维护保养

电气设备的维护保养分日常维护、一级保养和二级保养几档。各有各的责任范围。现分别介绍如下：

1)日常维护保养的工作内容有：

①每日班前、班后要清除设备上的灰尘、油污。

②检查电动机的轴承和经常调整电刷机构，使之正常工作。同时，还要观察电动机的运行情况和发热程度，防止温升过高。

③检查接触器、控制器等电器的触头，如有烧损的地方，应立即修平，保持触头压力正常、清洁、平整。

④检查配电板、控制器和电阻器上的接线端子，发现松动的螺丝要及时拧紧。

⑤起升机构的制动器及液力推杆装置要经常检查电气线路和接头。经常检查油位、油质，根据情况及时加油、换油。

⑥要经常检查供电的电缆的磨损情况及接地保护的搭接处，发现情况及时处理。

2)一级保养作业范围(见表5-2)：

一级保养应每工作200小时进行一次。

表5-2　一级保养作业内容

保养对像	作业内容及技术要求
电动机	1. 清除电刷滑环上的尘土污垢，检查电刷的压力，要求压力均匀，接触面不少于50% 2. 检查电刷的软线，不得有短接现象 3. 测量定子及转子的绝缘，并检查接线端子的牢固情况 4. 检查集电环，不允许其表面凹凸不平和有变色现象 5. 紧固机座与电动机的连接螺栓 6. 检查轴承，打开轴承座，检查滚珠及润滑油，如发现变质，及时更换

续表

保养对像	作业内容及技术要求
制动器	1. 电磁铁上、下移动衔铁不得与线圈内部的芯子互相摩擦 2. 液力推杆装置要加液压油,保持油量、油质的正常,其它活动机构也要加注润滑油 3. 检查制动瓦的接触情况,接触面不得小于75% 4. 检查各机构的开口销及调整螺栓,不得缺少 5. 调整制动瓦的间隙,要求达到可靠的制动性能
控制器	1. 更换磨损过度的触点和接触片 3. 刮净其中的黑灰和铁屑 3. 调整触点的间隙,应使接触可靠,压力均匀 4. 扳手的动作应灵活可靠,不得有卡住和太松的现象 5. 转动部分,应当加注润滑油 6. 拧紧固定压线螺丝,并更换损坏的螺丝
限位开关	1. 打开检查各触点开闭是否可靠 2. 调整顶杆、碰轮的位置,检查外壳的固定和防雨情况
配电箱	1. 检查与磨光各接触器弧坑与触头 2. 刮净灭弧坑内的黑灰与钢屑 3. 清除接触器胶木底盘的污垢与尘土 4. 检查接线端子有无松动 5. 打磨因电弧烧坏的刀口,并在刀口上涂抹适量黄油 6. 清除衔铁的尘土、污垢,检查线圈的绝缘
电阻器	1. 紧固四周的压紧螺栓 2. 紧固各接线端子及底盘螺栓 3. 清除电阻片上的积灰及脏物 4. 检查电阻元件的完整性及其绝缘情况 5. 发现有破裂、断损的电阻片或绝缘垫,应及时更换

3. 二级保养作业范围

塔机工作3000小时以后,应当进行二级保养,保养范围详见表5-3。

表5-3 二级保养作业范围

保养项目	作业内容及技术要求
电动机	1. 检查机体的完整性 2. 测量转子与定子的间隙 3. 测量定子与转子的绝缘电阻,要求大于0.5MΩ以上 4. 检查轴承间隙 5. 调整电刷压力及清洁集电环 6. 更换磨损过度的电刷
制动器	1. 调整和检查液压推杆装置的行程,测量液压推杆电机的绝缘电阻(≥0.5MΩ) 2. 更换磨损过度的闸瓦或制动带 3. 更换杠杆上的连接销和开口销

续表

保养项目	作业内容及技术要求
控制器	1. 测量控制器元件对外壳的绝缘(≥0.5MΩ) 2. 清除尘土和污垢 3. 调整各触头的间隙和压力，调整定位装置的间隙，保证起动调速时分档的准确性 4. 更换磨损过度的元件
限位开关	1. 清除触头的缺陷，调整弹簧压力 2. 测量触头元件与外壳的绝缘电阻(≥0.5MΩ)
电阻器	1. 紧固各连接螺栓，测量电阻片对外壳的绝缘电阻(≥0.5MΩ) 2. 检查和更换断片，并保证各片之间的良好接触和对壳绝缘 3. 清除灰尘和污垢
配电箱	1. 打磨接触器触点上的弧坑 2. 测量接触器的对壳绝缘、相间绝缘 3. 调整或校正过电流继电器的整定值(包括热继电器)，应当在1.5倍额定电流下动作 4. 紧固各大、小端子的固定螺栓
电线	检查全部主电缆线、辅助线及照明线等的绝缘和磨损情况，不合格的、老化的要立即更换掉 紧固各连接线板的接线端子

第五节　对液压顶升系统使用要求及注意事项

一、使用与维护

塔式起重机的液压系统还算比较简单，只要使用维护得好，一般说来，故障率是比较少的。但是如果忽视维护或者使用不当，就会出现各种故障。而且由于系统内部不易观察，出了故障往往不易一下子就找出原因，以致影响塔机的使用。下面就将使用中应当特别注意的问题分述如下：

1. 液压油的使用与维护

液压传动系统以油液作为传递能量的工作介质。除了正确选用液压油外，还必须使油液保持清洁，特别要防止油液中混入杂质和污物。经验证明，液压系统经常发生的各种故障、堵塞和损坏事故，往往就与液压油变质、杂质、污染及密封不严的破坏有关。

因此，液压系统使用维护的关键是保持系统和液压油的清洁。为此应注意：

①油箱中的液压油应经常保持正常的油面。

②液压油必须经过严格的过滤。滤油器应当经常清洗，去除滤油网上的杂质，发现损坏要及时更换。

③系统中的油液应经常检查，并根据工作情况定期更换。尤其是新投入使用的系统设备，容易混入金属屑或其它杂质，要提早换油。

④一般情况下，液压元件不要轻易拆卸。但是在发生堵塞，往往又必须拆卸时，要用煤油清洗干净。特别是小孔，一定要防止堵塞。而且清洗后要放在干净的地方，及时装配好，特别注意防止金属屑、锈块、灰尘、棉纱等杂质落入元件中。

2. 防止空气进入液压系统

空气进入油液中会产生气泡，形成空穴现象。到了高压区，在压力作用下，这些气泡急剧受到压缩，产生噪声，引起局部过热。使液压元件和液压油受到损坏。空气的可压缩性大，还会使油缸产生爬行现象，破坏系统工作的平稳性。为此，要注意作到：

①系统的回油管，必须插入到油箱的油面以下，防止回油带入空气。

②油箱的油面要尽量大些，吸入侧和回油侧要用隔板隔开，以达到消除气泡的目的。

③在管路及液压缸的最高部分设置气孔，在起动时应放掉其中的空气。

3. 防止油温过高

注意检查工作温度，一般应保持在35～60℃之间，应尽量控制油的温度，使其不超过上述允许值的上限。应做到：

①经常注意保持油箱中的正确油位。使系统中的油液有足够的循环冷却条件。

②在系统不工作时，油泵必须卸荷。

③正确选择系统中所用油液的粘度。粘度过高，会增加油液流动时的能量损耗；粘度过低，泄漏就会增高；两者都会使油温升高。

二、液压系统常见故障和排除方法

1. 油温过高

油温过高的产生原因及排除方法见表5-4。

表5-4 液压油温升过高的原因及排除方法

产生原因	排除方法
1. 液压泵效率低，其容积、压力和机械损失较大，因而转化为热量较多	选择性能良好的、适用的液压泵
2. 系统沿途压力损失大，局部转化为热量	各种控制伐应在额定流量范围内，管路应尽量短，弯头要大，管径要按允许流速选取
3. 系统泄漏严重，密封损坏	油的粘度要适当，过滤要好，元件配合要好，减少零件磨损
4. 回路设计不合理，系统不工作时油经溢流伐回油	不工作时，应尽量采用卸荷回路，用三位四通伐
5. 油箱本身散热不良，容积过小，散热面积不足。或储油量太少，循环过快	油箱容积应按散热要求设计制作，若结构受限，要增添冷却装置。储油量要足

2. 噪声

产生噪声的原因及排除方法见表5-5。

表5-5 噪声原因及排除方法

产生原因	排除方法
1. 系统吸入空气，油箱中油量不足，油面过低，油管浸入太短，吸油管与回油管靠得太近，或中间未加隔板，密封不严，不工作时有空气渗入	加足油量，油管浸入油面要有一定深度，吸油管与回油管之间要用隔板隔开，利用排气装置，快速全行程往返几次排气
2. 齿轮泵齿形误差大，泵的轴向间隙磨损大	两齿轮对研，啮合接触面应达到齿长的65%，修磨轴向间隙

续表

产 生 原 因	排 除 方 法
3. 液压泵与电动机安装不同心，换向过快，产生液压冲击	重新安装联轴节，要求同轴度小于0.1mm，手动换向伐要合适掌握，使换向平稳
4. 油液中赃物堵塞阻尼小孔，弹簧变形、卡死、损坏	清洗换油，疏通小孔，更换弹簧

3. 爬行现象

产生油缸爬行的原因及排除方法见表5-6。

表5-6 油缸爬行原因及排除方法

产 生 原 因	排 除 方 法
1. 空气进入系统，油液不干净，滤油器不定期清洗，不按时换油	定期检查清洗，定期更换油液
2. 运动件间摩擦阻力太大，表面润滑不良，零件的形位误差过大	改进设计，提高加工质量
3. 液压油缸内表面磨损，液体内部串腔	修磨液压缸，检修
4压力不足或无压力	提高回油背压

4. 压力不足或无压

产生油压不足或无压的原因及其排除方法见表5-7。

表5-7 油压不足原因及其排除方法

产 生 原 因	排 除 方 法
1. 液压泵反转或转速未达要求，零件损坏，精度低，密封不严，间隙过大或咬死，液压泵吸油管阻力大或漏气	检查，修正，修复，更换
2. 液压缸动作不正常，漏油明显，活塞或活塞杆密封失效，杂物、金属屑损伤滑动面，缸内存在空气，活塞杆密封压得过紧，溢流阀被污物卡住处于溢流状态	排气，减少压紧力，清洗，更换伐芯、伐座，对溢流伐位作调整
3. 其他管路、节流小孔、阀口被污物堵塞，密封件损坏致使密封不严，压力油腔或回油腔串油	清洗疏通，修复更换

第六节 日常使用维护要求及特别注意事项

塔式起重机，是建筑工程中的大型设备，又是安全要求很高的设备。因此，保持塔机的正常使用性能，具有特别重要的意义。从工地领导、设备管理人员、使用人员都要高度重视塔机的正常使用。不仅会用，而且会保养维护、会洞察各种故障、会修理和排除各种故障。只有这样，才能充分发挥出塔式起重机的工作效益，延长其使用寿命。

一、操纵使用要求及注意事项

1. 对操纵使用人员的责任要求

驾驶员是塔式起重机的直接使用者，他的素质好坏，与塔机能否正常使用有着密切的关系。一台塔机，在使用过程中，充分发挥操作人员的主导作用，合理地使用塔机，严格遵守有关技术规程和规章制度。在这个基础上，每日和定期的有计划有目的地给塔机进行清洁、润滑、紧固、调整、防腐、检查，排除故障，更换已磨损或失效的零件，使机械设备保持良好的工作状态。这就是对操纵使用人员的主要责任要求。要作到这一点，也不是很容易，要求驾驶员具有如下素质：

①明确自己工作的重要性，有强烈的工作责任感，作风正派。

②具有相应的文化程度，并经过一定的技术培训和技术考核。

③能熟知安全操作规程和吊装技术及吊装信号。

④能搞懂自己所用的塔机的整机构造、原理组成、结构及技术性能。

⑤懂得各种货物的捆扎、装卸、起吊的操作方法。

⑥懂得所用的起重机的系列保养和一级保养的范围。

⑦具有判断和排除常见故障的能力。

⑧具有在高空作业的身体条件和适应能力。

每个驾驶员，应当按这样的素质要求去培养训练自己，以适应工作要求。

2. 对操作使用过程的基本要求

操作过程是变化多端的，但有一个总的基本要求就是：稳、准、快、安全合理地去操作起重机。这就要求多练基本功。

稳：是指在吊物和运行中，要使吊钩和重物不发生大的摆动。惯性是客观存在的，但稳钩是项操作技巧，要学会消除惯性影响。

准：是指准确就位，在稳的基础上，正确地把物料送到指定位置。同样，这会有惯性影响，重要的是会总结经验，适时停车。

快：是指在稳、准的前提下，使起升、运行机构协调配合好，用尽量少的时间，最短的运行路线完成每一次吊运工作。

安全：指操作中严格执行安全技术操作规程，不发生设备人身事故，有预见事故的能力，及时地制止事故。对设备能经常做到预检、预修，保证起重机在完好的技术性能下，可靠地工作。在意外故障情况下，能机动灵活并准确地采取措施，制止事故或使损失减到最小。

合理：是指在了解、掌握机械设备特性的基础上，根据被吊对象的具体情况，正确地作出起吊方案，正确地发出控制指令。

3. 安全教育和安全操纵技术要求

起重机操作人员，是在高空工作并在地面人员的密切配合下，通过钢丝绳和吊钩远距离完成被吊物件的起落、停止和运行的劳动者。工作涉及面较大，安全要求很高。在工作过程中，操作不熟练，操作方法欠正确，精神不集中等因素，都可能造成人身事故与设备事故。因此，在工作中，要经常进行安全教育，并要求使用人员在操作中掌握和遵守各种安全操纵技术要求。

安全教育有定期讲述和班前教育两种形式。其中班前教育每天由生产组长、安全员或司机利用班前几分钟，讲述有关生产安全注意事项。其内容主要是回顾近来安全生产情况，表扬先进，指出薄弱环节，提醒大家注意检查发现和消除安全隐患等。

二、塔式起重机的日常维护保养

一台塔式起重机，要想充分发挥作用，除了正确的操作，维护保养得好也是重要环节。塔式起重机的维护检查工作，直接关系到起重机的寿命、工作效率和安全生产。检查维护工作也是司机责任范围内的一个重要工作，绝不可轻视。塔机的日常检查维护工作主要内容包括交接班检查、加注润滑油、预检、预修和排除临时故障等。

1. 交接班检查和维护的注意事项

1)交接班时，当班人员应认真负责地向接班者介绍当班工作情况，交接班人员应共同做好检查维护工作。下班时，若无人接班，当班人员应写好交接班记事簿。

2)连续工作的起重机，每班应有15～20分钟的交接班检查维护时间。不连续工作的起重机，检查维护工作应在工作前进行。

3)为了防止漏检，交接班检查应按一定的顺序进行，形成惯例。主要检查内容有：

①检查销轴连接板、卡板、开口销、螺母是否完好，有无松脱，发现问题及时更换。

②检查钢丝绳在卷筒上的缠绕情况，有无跳槽、重叠、乱绳情况，绳尾压板螺栓是否有松脱或缺少现象。

③紧固好各机械联轴器、销轴、机座、电机的螺栓。

④检查配电箱、电路接线端子、控制器主触头是否良好。

⑤检查调试各安全装置，工作性能是否正常。

⑥检查连接螺栓、螺母是否有松动现象，有无变形过大现象。

⑦检查制动器松紧情况是否合适，如不正常应进行调试。

⑧检查各机构的减速机，是否有漏油、渗油现象，发现问题及时排除。

2. 定期检查和维护

定期检查保养，指机械在运转一定时间后，为消除不正常状态，恢复良好的工作条件所进行的一种预防性的维护保养，其中包括季节变换保养。

定期检查有周检、月检和半年检等。各用户单位可根据自己的具体情况，组织由塔机司机、设备员等组成临时检查小组进行检查。各种定期检查的具体内容如下。

1)周检内容：

①接触器、控制器触头的接触和腐蚀情况。

②制动器闸带的磨损情况。

③联轴器上的连接销、键的连接及螺钉的紧固情况。

④使用半年以上的钢丝绳磨损情况。

⑤钢结构件关键部位的连接情况，有无塑性变形现象。

2)月检内容：

①电动机、减速机、轴承支座等与底座螺钉紧固情况，电动机集电环碳刷磨损情况。

②钢丝绳压板螺钉的紧固情况，使用三个月以上的钢丝绳磨损情况及润滑情况等。

③各管口处导线绝缘层的磨损情况。

④各限位开关转轴的润滑防水情况。

⑤各减速机及润滑油的油质油量。

⑥小车臂架下弦杆导轨的磨损情况。

3）半年检查内容：

①电气系统的控制器、电阻器及接线座、接线螺钉的紧固情况，要逐个检查紧固。

②检查电气设备绝缘情况。

③液力推杆制动器的油量及油质情况。

④各钢结构的连接情况，耳板、导轨等磨损腐蚀情况。

⑤各滑轮组的滑轮磨损情况。

3. 加注润滑油

塔式起重机工作机构的润滑是日常维护工作的主要内容之一。润滑情况好坏，不仅直接影响各机构的正常运转与机件的寿命，而且还会影响安全生产和生产效率。各机构零部件的润滑工作，应该遵循的原则是：凡在有轴和孔配合的地方，以及有摩擦面的机械部分，都要定期进行润滑。由于起重机机构各种各样，对不同部位的润滑，操作人员要视具体情况熟练灵活掌握。润滑时使用油枪或油杯对各润滑点分别加注润滑油，并保持各润滑点的清洁。

塔式起重机润滑工作的主要内容有：

①对各大传动机构的减速箱，观察油面、检查有无渗漏，发现油面过低或传动箱温度过高，要适时加注齿轮油。

②所有的滑轮、轴承座里面的轴承都要抹黄油，要适时补注润滑脂。

③所有的开式齿轮传动，要经常抹润滑脂，包括回转支承和回转小齿轮之间的传动。

④滑动轴套和轴之间，要注意加注润滑脂。

⑤卷筒上的钢丝绳，应适时涂抹黄油，以减小彼此之间的磨损。

4. 由操作人员承担的检查维护保养工作

为了维护塔式起重机日常的清洁、紧固、润滑和调整，确保机械在每班作业中，能正常运转和安全操作。必须明确规定由操作人员承担的检查维护保养责任。其主要内容有：

1）交接班时的检查维护

主要包括：

①检查供电系统是否正常，安全可靠。

②通电后检查各控制器、接触器、仪表、指示灯及声响设备是否正常。

③检查吊具、滑轮组、钢丝绳是否有裂纹、磨损过度等现象。

④起动各传动机构，观察其运行情况，是否有不正常响声或者漏油、渗油现象。

⑤检查各安全装置的限位开关，是否还正常起限制作用。

⑥检查各机构零部件的润滑情况。

2）日常作业中的检查维护

主要有：

①随时注意各机构运行情况有无异味异声。

②随时注意各安全装置的工作情况。

③利用作业间隙时间，检查各机构、电动机、减速箱、轴承座有无发热或温升过高的现象。

④检查调整制动器、制动轮、制动块间的间隙，是否均匀。紧固好松动的螺帽。

⑤检查关键连接部位或振动较大部位的连接情况，是否有松动或脱开的趋向。如有，要立即设法阻止排除。

3)下班前的维护保养工作

为确保下一班工作能顺利进行，在下班前应认真作好以下工作：

①检查钢丝绳是否在滑轮槽内，钢丝绳有无磨损过度现象。

②各运行机构减速箱内的油量，以及开式传动齿轮啮合润滑情况。各润滑油路是否畅通。

③检查联轴器的传动情况，是否还能正常传动，有无局部损坏。

④检查各仪表、指示器、指示灯是否正常。各安全装置是否正常起作用。

⑤各操纵杆回中位、清洁整理好现场、切断总电源、上好电控柜门锁、关好操作室门。

⑥检查确认机器保养完好后，填写运行日志。若发现较大故障，或有不正常现象，则要记入运行日志，并提出诊断修理要求，告诉接班人员并报告主管部门。

第六章　塔式起重机安全管理的有关作法

塔式起重机在现代化建设事业中得到广泛的应用，在工程建设中占有重要地位，已经引起各方面的重视。但是，塔机的起重作业，又是一种事故多发性的作业，起重作业人员的素质及技术水平，施工单位的管理水平，现场人员的安全意识和重视程度，相关人员的指挥和配合工作能力，都会关系到人们生命和财产的安全。因此，安全管理措施不仅是操作人员的事，而且是施工单位和管理部门都要重视的大事。中华人民共和国国家标准 GB5306—85《特别作业人员安全技术考核管理规则》明确确定：起重机械操作、起重挂钩、指挥都属于特种作业人员，须经安全技术培训。并由劳动部门考核合格，发给《特种作业操作证》后，方能允许独立作业。鉴于此，全国各省、市（自治区）都根据国家规定并结合各地具体情况，制定了具有法律效力的劳动安全（劳动保护）法规条例，并普遍实施了这些劳动安全法规条例。因而，对塔机用户的安全管理，就必须有严格的要求，必须有各种制度作保证。本章主要介绍一些相关的标准制度及有关作法，供使用单位和管理部门参考。

第一节　对塔机用户安全管理的基本要求

现在，很多施工单位都拥有塔式起重机。当然，有了塔机，表明了施工单位有了一定的施工技术实力和装备实力，在工程招标中有一定的优势。但同时，有了塔式起重机，也就会存在出事故的危险，这不但威胁工作现场人员生命和财产安全，而且会涉及到周围人员和单位的安全，影响面很大，因此就必须要加强设备的管理和安全管理。否则，不仅难于保证设备充分发挥作用，难于使施工作业顺利进行，而且还会引起社会纠纷。为此，对塔式起重机用户的安全管理，特提出以下基本要求：

1. 建立设备管理责任制，对设备的使用、运行状况、完好情况、维修情况建立记录台帐，使各种事项都有据可查。保障设备在完好的状态下运行。

2. 只准使用经过生产许可证认证和安全认证的产品。创新产品应先有检测，并报技术监督机构备案后再上工地使用考核。

3. 加强对起重机操作人员和相关人员的安全教育、培训和考核。凡是按规定要求持证上岗的，一定要坚持作到持证上岗。

4. 建立、健全并严格执行起重机安全管理制度。

5. 使用中严格执行安全操作规程。

6. 掌握常见的事故紧急处理技术。

7. 严格执行《起重吊运信号》国家标准，加强起重工作人员之间的相互联系。

第二节 起重机司机安全技术考核标准

为了有助于用户单位了解对起重机司机的考核内容，现将《起重机司机安全技术考核标准》的部分内容摘录如下，以供大家学习参考：

为加强起重机械作业安全管理，提高起重机司机安全技术水平，实现安全运行，特制定本标准。

本标准，对起重机司机的条件和安全技术考核作了最基本的规定。

一、适用范围

本标准适用于通用桥式起重机、冶金专用起重机、龙门起重机、装卸桥、门座起重机、塔式起重机、汽车起重机、轮胎起重机、履带起重机、固定旋转起重机、铁路起重机。

二、司机条件

2.1 年满18周岁，具有初中以上文化程度。

2.2 身体建康，两眼视力各不低于0.7（当起重机升高度≥20m以上时，两眼视力各不低于1.0）。无色盲，无听觉障碍，无癫痫、无高血压、无心脏病、无眩晕和突发性昏厥等疾病，无妨碍起重机作业的其它疾病和生理缺陷。

三、培训、考核、发证

3.1 培训

A. 由省、地、市劳动部门或其指定的单位培训；

B. 企业单位及其主管部门组织培训；

C. 专业（技工）学校培训；

D. 培训时间不得少于一个月。

3.2 考核

A. 培训期满，由省、地、市劳动部门或其指定的单位，按照本标准规定进行考核。安全技术理论考试及格后，再进行实际操作考试；

B. 安全技术理论和实际操作考试均为百分制，各60分为及格。

3.3 发证

安全技术理论和实际操作考试均及格者，还必须在实际驾驶的起重机上实习1～3个月，确认操作熟练者，由省、地、市劳动部门核发本机种操作证，方能独立作业。

3.4 轮胎起重机和兼作起重作业的汽车起重机司机，除按规定考取驾驶执照外，还必须按本标准培训、考核、发证。

3.5 本标准未包括的起重机，由企业主管部门参照本标准进行培训、考核、发证。

四、复审

4.1 取得操作证的起重机司机，由考核发证部门或其指定的单位第二年进行一次复审。

4.2 复审内容

A. 体格检查；

B. 复试本机种安全技术理论和实际操作；

C. 检查违章操作和事故情况。

4.3 复审不合格者，可在二个月内进行再一次复审，仍不合格者，收缴操作证。凡未经复审者，不得继续独立作业。

4.4 在两个复审期内，作到安全无事故的起重机司机，经所在单位审查，报经发证部门批准，可以免试。但不得连续免试。

五、安全技术理论考试内容

5.1 起重机的构造、性能和工作原理。

5.2 起重机电气、液压和原动机的基本知识。

5.3 起重机主要部件的安全技术要求及易损件的报废标准。

5.4 起重机钢丝绳的安全负荷、使用、保养及报废标准。

5.5 起重机安全装置、制动装置和操纵系统的构造、工作原理及调整方法。

5.6 正确判断起重机的常见故障。

5.7 起重机一般保养知识。

5.8 力、力的合成与分解、重心、起重机的稳定性等基本知识。

5.9 一般物件的重量计算和绑挂知识。

5.10 有关电气安全、登高作业安全、防火及救护常识。

5.11 GB5082－85《起重吊运指挥信号》和有关安全标志。

5.12 安全操作技术，常见起重机事故及其防止措施。

5.13 起重机安全操作规程和 GB6067－85《起重机安全规程》等有关规定。

六、实际操作考试(本文只列举与塔式起重机有关的考试内容)

6.1 门座起重机、塔式起重机的司机

考试应选择起升高度在 20m 以上的本机种的起重机.

试题一：吊起水箱定点停放(见图 6-1 及表 6-1)

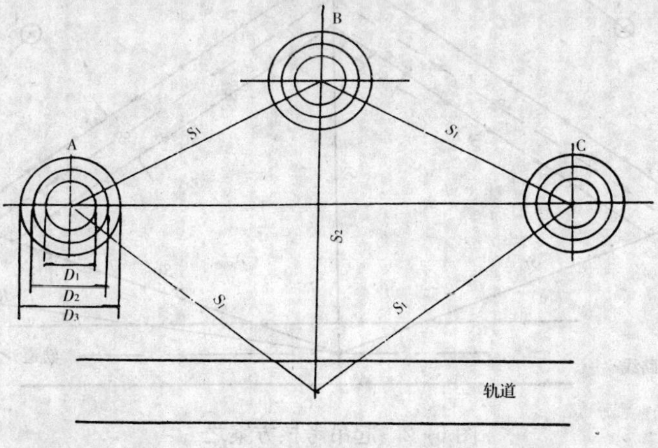

图 6-1 起吊操作考核之一

表 6-1 场地图形的尺寸

起升高度 H(m)	S_1	S_2	D_1	D_2	D_3
$20 \leqslant H \leqslant 30$	18.0	13.0	1.7	1.9	2.1
$H > 30$	18.0	13.0	1.8	2.0	2.2

A. 水箱边长 1000×1000×1000(mm),水面距箱口 200mm,吊钩距箱口 1000mm(方型)。

B. 考试方法:接指挥信号后,将水箱由 A 处吊起,先后放入 B 圆、C 圆内;最后将水箱由 C 处吊起,直接放入 A 圆内。

水箱由各处吊起时,均距地面 4000mm,每次下降途中各停顿二次。(满分 40 分,扣分标准见表 6-2)

表 6-2 吊起水箱定点停放扣分标准

序 号	扣 分 项 目	扣 分 数
1	开车前未检查、鸣好	3
2	水箱出内圈(D_1)	2
3	水箱出中圈(D_2)	4
4	水箱出外圈(D_3)	6
5	洒水一次	1~3
6	每超过规定时间十秒	1
7	违反操作规程或考试规定	40

C. 考试时限:完成上述动作,门座起重机为 2 分 30 秒;塔式起重机高度较大,吊索长,稳定时间要长一些。推荐时间 4 分钟。

试题二:吊起水箱在标杆区内运行和击落木块(图 6-2、表 6-3)

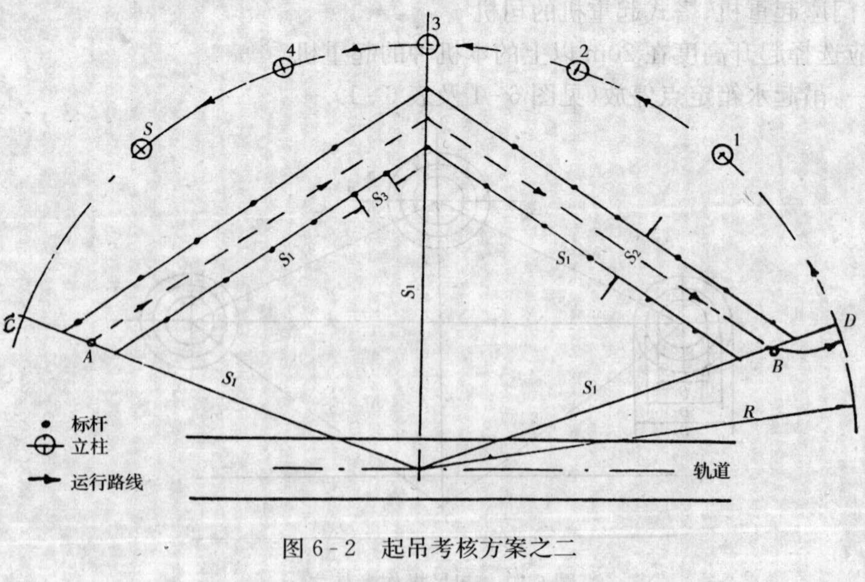

图 6-2 起吊考核方案之二

表 6-3　场地图形的尺寸

起升高度 H(m)	S_1	S_2	S_3	R
$20 \leqslant H \leqslant 30$	15.0	2.0	2.5	19.0
$H>30$	15.0	2.2	2.5	19.0

A. 水箱边长 1000×1000×1000(mm)，水面距箱口 200mm，吊钩距箱口 1000mm。

B. 标杆：高标 200mm，直径 20～30mm，底座直径 300mm，厚 10mm。

C. 五根立柱的高度依次为 1000，1500，1800，1500，1000mm，均布在 C、D 弧上，立柱顶端分别立放着 200×200×200mm 木块。

D. 考试方法：接指挥信号后，将水箱由 A 处吊离地面 1000mm，按图示路线在标杆区内运行。行至 B 处上方，即反向旋转，并用水箱依次将立柱顶端的木块击落，最后将水箱放回 A 处。在击落木块的运行中不准打倒车。（满分 40 分，扣分标准见表 6-4）

E. 考试时限：完成上述操作，门座起重机为 2 分 30 秒，塔式起重机由考核部门确定。推荐 4 分钟。

表 6-4　吊起水桶在杆区内运行和击落木块扣分标准

序　号	扣　分　项　目	扣　分　数
1	开车前未检查、鸣好	3
2	碰杆一次	2
3	碰倒杆一次	3
4	碰立柱一次	3
5	未击落一木块	3
6	每超过规定时间十秒	1
7	违反操作规程或考试规定	40

试题三：由考核部门根据起重机不同性能和作业特点，自行命题。主要考核排除常见故障，应急操作，司机在看不见吊物目标的情况下，按指挥信号进行操作。（满分 20 分）

第三节　起重机司机与指挥人员的配合

在塔机工作现场，操作人员不一定看得到起重物，或者看不清起吊挂钩情况，或者不知道吊运目标和吊运意图，这就必须看指挥人员的指令工作。也可能下面有多人发出指示，那只能确定听一人的指挥。为此，起重机司机与指挥人员之间，应当有规定好的信号系统，而且双方都应当熟练掌握和遵守这样的信号系统，只有这样才能准确地配合完成所要完成的起吊作业。

为了帮助塔机用户建立正确的指挥和配合关系，特将中华人民共和国国家标准 GB5082-85《起重吊运指挥信号》加以摘录引用如下：

1. 引言

为确保起重吊运安全，防止发生事故，适应科学管理的需要，特制定本标准。

本标准对现场指挥人员和起重司机所使用的基本信号和有关安全技术做了统一规定。

2. 本标准适用以下类型的起重机械：

桥式起重机（包括冶金起重机）、门式起重机、装卸桥、缆索起重机、塔式起重机、门座起重机、桅杆起重机、船用起重机等。

本标准不适用于矿井提升设备、载人电梯设备等。

3. 名词术语

通用手势信号——指各种类型的起重机在起重吊运中普遍适用的指挥手势。

专用手势信号——指具有特殊的起重、变幅、回转机构的起重机单独使用的指挥手势。

吊钩(包括吊环、电磁吸盘、抓斗等)——指空钩以及负有载荷的吊钩。

起重机"前进"或"后退"——"前进"指起重机向着指挥人员开来,"后退"指起重机离开指挥人员而去。

前、后、左、右——在指挥语言中,均以司机所在位置为准。

音响符号"—"表示大于1秒钟的长声符号;"●"表示小于1秒钟的短声符号;"○"表示停顿符号(见附表)。

4. 信号的配合应用(见 P145 附表)

4.1　指挥人员使用的音响信号与其手势或旗语信号的配合

4.1.1　在发出"上升"音响时(●●),可分别与吊钩的"上升"、"升臂"、"伸臂""抓取"等手势或旗语相配合。

4.1.2　在发出"下降"音响时(●●●),可分别与吊钩的"下降"、"落臂"、"缩臂"、"释放"等手势或旗语相配合。

4.1.3　在发出"微动"音响时(●○●○●○●),可分别与"吊钩微微上升"、"吊钩微微下降"、"吊钩水平微微移动"、"微微升臂"、"微微降臂"手势或旗语相配合。

4.1.4　在发出"预备"、"停止"音响信号时(长声——),均可以与上述规定的手势或旗语相配合。

4.1.5 在发出"紧急停止"音响信号时(双急促长声——),代表立即停止前面的操作。

4.2　指挥人员与司机的配合

4.2.1　指挥人员发出"预备"信号时(长声——),要目视司机。司机接到信号在开始工作前,应当回答"明白"信号(司机使用的音响信号见附表)。当指挥人员听到回答信号后,方可进行指挥。

4.2.2　指挥人员在发出"要主钩"、"要付钩"、"微动范围"手势或旗语时,要目视司机,同时发出"预备"音响信号,司机接到信号后,要准备操作。

4.2.3　指挥人员在发出"工作结束"的手势或旗语时,要目视司机,同时可以发出"停止"音响信号。司机接到信号后。应回答"明白"信号方可离开岗位。

4.2.4　指挥人员对起重机械要求微微移动时,可根据需要,重复给出信号。司机应按信号要求,缓慢平稳操纵设备。除此之外,无特殊要求。其他指挥信号,指挥人员都应一次给出。司机在接到下一个信号前,必须按原指挥信号操作设备。

5. 对指挥人员和司机的基本要求

5.1　指挥手势的一些规定。

5.1.1　指挥人员使用手势信号均以本人的手心、手指或手臂表示吊钩、臂杆和机械位移的运动方向。

5.1.2　指挥人员用旗语信号均以指挥的旗头表示吊钩、臂杆和机械位移的运动方向。

5.1.3　在同时指挥臂杆和吊钩时,指挥人员必须分别用左手指挥臂杆,用右手指挥吊钩。当持旗指挥时，一般左手持红旗指挥臂杆，右手持绿旗指挥吊钩。

5.1.4　当两台或两台以上起重机同时在距离较近的工作区域内工作时。指挥人员使用音响信号的音调应有明显区别。并要配合手势或旗语指挥。严禁单独使用相同音调的音响指挥。

5.1.5　当两台或两台以上起重机同时在距离较近的工作区域内工作时，司机发出的音响应有明显的区别。

5.1.6　指挥人员用“起重吊运指挥语言”指挥时，应讲普通话。

5.2　指挥人员的职责及其要求

5.2.1　指挥人员应根据本标准的信号要求与起重机司机进行联系。

5.2.2　指挥人员发出的指挥信号必须清晰、准确。

5.2.3　指挥人员应站在使司机能看清指挥信号的安全位置上，当跟随负载运行指挥时，应随时指挥负载避开人员和障碍物。

5.2.4　指挥人员不能随时看清司机和负载时，必须增设中间指挥人员，以便逐级传递信号。当发现错误信号时，应立即发出停止信号。

5.2.5　负载降落前，指挥人员必须确认降落区域安全时，方可发出降落信号。

5.2.6　当有多人绑挂同一负载时，起吊前应作好呼唤答应，确认绑挂无误后，方可有一人负责指挥。

5.2.7　同时用两台起重机吊运同一负载时，指挥人员应双手分别指挥各台起重机，以确保同步吊运。

5.2.8　在开始起吊负载时，应先用“微动”信号指挥，待负载离开地面100～200mm稳定后，再用正常速度指挥；必要时，在负载降落前，也应用“微动”信号指挥。

5.2.9　指挥人员应佩带鲜明的标志，如标有“指挥”字样的臂章，特殊颜色的安全帽、工作服等。

5.3　起重机司机的职责及其要求：

5.3.1　司机必须听从指挥人员指挥，当指挥信号不明时，司机应发出“重复”信号询问，明确指挥人员指挥意图后，方可开车。

5.3.2　司机必须熟练掌握本标准规定的通用手势信号和其它有关各种指挥信号，并与指挥人员密切配合。

5.3.3　当指挥人员所发出的信号违反本标准的规定时，司机有权拒绝执行。

5.3.4　司机在开车前必须鸣铃示警。必要时，在吊运中也要鸣铃，通知受负载威胁的地面人员撤离。

5.3.5　在吊运过程中，司机对任何人发出的“紧急停车”信号都应服从。

6. 管理方面的有关规定

6.1　对起重机司机和指挥人员，必须由有关部门进行本标准的安全技术培训，经考试合格，取得合格证后方能进行操作或指挥。

6.2　音响信号是手势或旗语的辅助信号，使用单位可根据工作需要确定是否采用。

6.3　指挥旗的颜色为红、绿，应采用不易退色、不易产生污染的材料。其规格：面幅应为400mm×500mm，旗杆直径应为25mm，旗杆长短应为500mm。

6.4　本标准所规定的指挥信号是各类起重机使用的基本信号。如不能满足需要，使用单位可根据具体情况，适当增补。但增补的信号不得与本标准有抵触。

附:起重机吊运作业中的各种信号、语言

1. 通用手势信号

①“预备”注意

手臂伸直置于头上方,五指自然伸开,手心朝前保持不动。

②“要主钩”

右手自然握拳,置于头上,轻触头顶

③“要副钩”

左手握拳,小臂向上不动,左手平伸出,手心轻触右手的肘关节。

④“吊钩上升”

右手小臂向侧上方伸直,五指自然伸开,高于肩部,以腕部为轴转动。

⑤“吊钩下降”

右手伸向侧前下方,与身体大约成 30°夹角,五指自然伸开,以股部为轴转动。

⑥“吊钩水平移动”

小臂向侧上方伸直,五指并拢手心朝外,朝负载应运行的方向向下挥动到与肩部相平的位置。

⑦“吊钩微微上升”

手臂伸向侧前上方，手心朝上高于肩部，以腕部为轴，重复向上摆动手臂。

⑧“吊臂微微下降”

手臂伸向侧前下方，与身体大约成30°夹角，手心朝上，以腕部为轴，重复向下摆动手臂。

⑨“吊钩水平微微移动”

小臂向侧上方自然伸直，五指并拢，手心朝外，朝负载应运行的方向，重复做缓慢的水平运动。

⑩“微动范围”

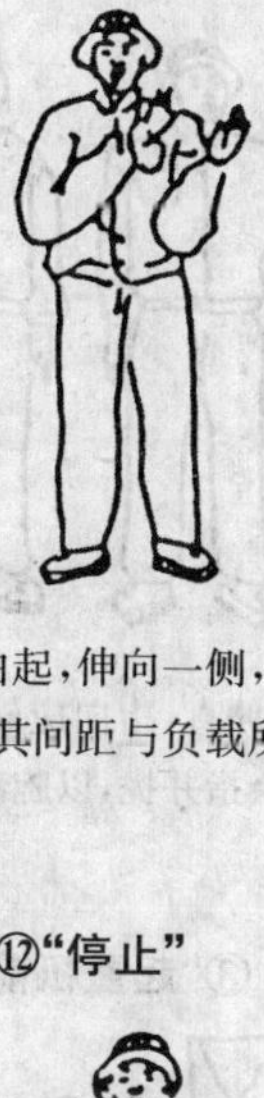

双手小臂曲起，伸向一侧，五指伸直，手心相对，其间距与负载所要移动的距离接近。

⑪“指示降方位”

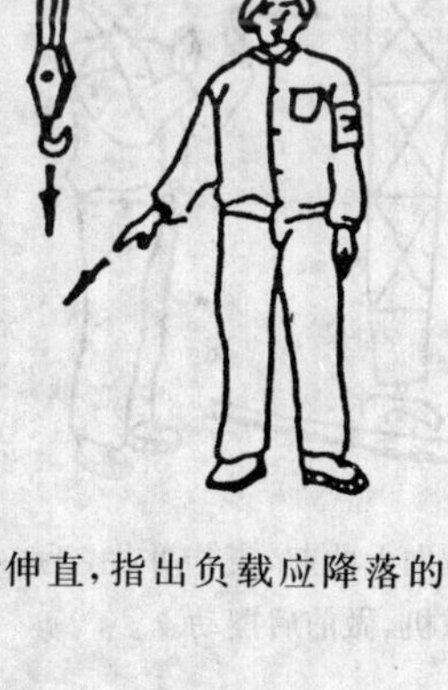

五指伸直，指出负载应降落的位置。

⑫“停止”

小臂先水平置于胸前，五指并拢伸开，手心朝下，再水平挥向一侧

⑬“紧急停止”

两手先水平置于胸前，五指并拢伸开，手心朝下，再同时水平挥向两侧。

⑭“工作结束”

双手五指并拢伸开，在额前交叉

2. 专用手式信号

①“转臂”

手臂水平伸直，指向应转臂的方向，拇指伸出，余指并拢，以腕部为轴转动。

②“微微转臂”

一只手的小臂向前平伸，手心自然指向内侧，另一只手的拇指指向前只手的手心，余指握拢做转动。

③“起重机前进”

双手臂先向前伸，小臂曲起，五指并拢，手心对着自己，做前后摆动。

④“起重机后退”

双小臂向上曲起，五指并拢，手心朝向起重机，做前后摆动。

3. 旗语信号

①"预备"

单手持红绿旗上举。

②"要主钩"

单手持红绿旗，旗头轻触头顶。

③"要副钩"

一只手握拳，小臂向上曲起不动，另一只手握红绿旗，旗头轻触前只手的肘关节。单手持红绿旗上举。

④"吊钩上升"

绿旗上举，红旗自然放下。

⑤"吊钩下降"

绿旗拢起下指，红旗自然向下。

⑥"吊钩微微上升"

绿旗上举，红旗拢起，横在绿旗上，互相垂直。

⑦"转臂"

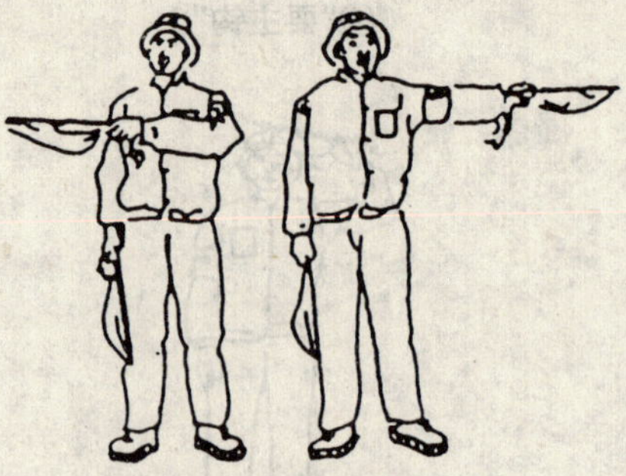

红旗拢起，水平指向应转臂的方向。

⑧"吊钩微微下降"

绿旗拢起下指，红旗横在绿旗下，互相垂直。

⑨"升臂"

红旗上举，绿旗自然放下。

⑩"降臂"

红旗拢起下指，绿旗自然放下。

⑪"微微升臂"

红旗上举，绿旗拢起，横在红旗上，互相垂直。

⑫"微微降臂"

红旗拢起下指，红旗横在红旗下，互相垂直。。

⑬“微微转臂”

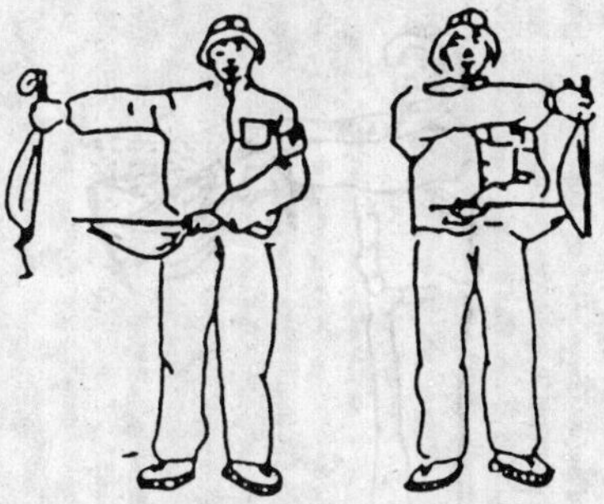

红旗拢起，横在胸前，旗头指向应转臂的方向，绿旗拢起，横在红旗前，互相垂直。

⑭“伸臂”

两旗分别拢起，横在两侧，旗头外指。。

⑮“缩臂”

两旗分别拢起，横在胸前，旗头对指。

⑯“微动范围”

两手分别拢旗，伸向一侧，其间距与负载所要移动的距离接近。。

⑰“指示降落方位”

单手拢绿旗，指向负载应降落的位置，旗头进行转动。

⑱“履带起重回转”

一只手拢旗，水平指向侧前方，。另一只手持旗，水平重复挥动。

⑲“起重机前进”

两旗分别拢起，向前上方伸出，旗头由前上方向后摆动。

⑳“起重机后退”

两旗分别拢起，向前方伸出，旗头由前方向下摆动。。

㉑“停止”

单旗左右摆动，另一面旗自然放下。

㉒“紧急停止”

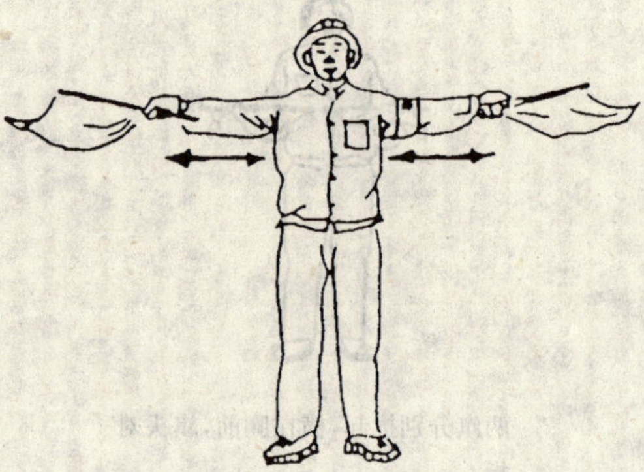

双手分别持旗，同时左右摆动。。

㉓“工作结束”

两旗拢起，在额前交叉。

4. 音响信号

①“预备”、“停止”

一长声——

②“上升”

二短声●●

③“下降”

三短声●●●

④“微动”

断续短声●○●○●○●

⑤“紧急停止”

急促长声——·——

5. 起重机吊运的指挥语言

①开始、停止工作语言

起重机的状态	指挥语言
开始工作	开始
停止或紧急停止	停止
工作结束	结束

②吊钩移动语言

吊钩的移动	指挥语言
正常上升	上升
微微上升	上升一点
正常下降	下降
微微下降	下降一点
正常向前	向前
微微向前	向前一点
正常向后	向后一点
微微向后	向后一点
正常向右	向右
微微向右	向右一点
正常向左	向左
微微向左	向左一点

③转台回转语言

转台的回转	指挥语言
正常右转	右转
微微右转	右转一点
正常左转	左转
微微左转	左转一点

④臂架依动语言

臂架的移动	指挥语言
正常伸长	伸长
微微伸长	伸长一点
正常缩短	缩短
微微缩短	缩短一点
正常升臂	升臂
微微升臂	长臂一点
正常降臂	降臂
微微降臂	降臂一点

6. 司机使用的音响信号

①“明白”　服从指挥，一短声●

②“重复”　请求重新发出指令信号，二短声●●

③“注意”　提醒现场人员，长声——

第四节 用电安全保护要求

塔式起重机的动力来源是电力。因此塔机的用电安全要求比其它设备要求更高，所以对工地上用电也有其特定的要求：

一、一般要求

塔机的用电安全应做到：

1. 塔式起重机应有自己单独的电源开关。建筑工地用电设备较多，往往有自己单独的变压器和供电线路。塔式起重机的电路设计中，都设有自己单独的铁壳开关，这是必不可少的。当塔机不工作或检修时，应当将铁壳开关拉闸。工作时再合上。但有的工地，将其它设备与塔机共用一个铁壳开关，这就潜伏事故危险。因为塔式起重机，非操作人员和检修人员，是不可以动电控系统的。当塔机不工作或检修时，铁壳开关已拉下。检修人员认为已拉闸是安全的，而别人不一定知道塔机处于什么状态。如果和其它设备共用一个电源开关，别人就可以去合闸，塔机就有误动作的可能。塔机的误动作往往就存在很大的事故危险。所以其它设备不可以与塔机共用一个电源开关。

2. 要重视保护塔式起重机的供电电缆。塔机功率往往比较大，电缆也较粗，而且拉的距离较长，经过的地点较多，受到磨损、碾压的可能性也较多。特别是行走式塔机。为此必须更加注意保护。电缆经过人和车的通道处，一定要架空或者套上钢管埋入地下，避免践踏和碾压，避免破坏和触电。电缆接头，要常常检查是否有摩擦或尖锐物品刮破电缆。任何破损都可以引起结构带电和触电，这是用户千万注意的。

3. 控制电路和动力电路。控制电路和动力电路要用电源变压器分开，而且控制电路最好选用安全电压，48V 以下，不要用 220V 或 380V。本来，有经验的设计人员在设计电控系统时一般会这么设计。然而，有些塔机生产单位，为了节省成本，减少电气元件，也有直接用 220V 线圈电压的。塔机操作人员，是在高空作业，直接站在金属结构上，任何带电漏电，对他们都有威胁，这和其它设备不一样。尽管发生触电的事故机会很少，但作为用户，注意要选用安全电压的概念应当坚持。

4. 避开高压线。塔机的工作区，一定要避开高压线。吊钩和钢丝绳不应该跨过电线去作业。

5. 用户要学习和掌握触电解救法及电气灭火方法的一些常识，万一发生事故，能有正确的处理办法。

二、触电解救法

当发现有人触电时，应当尽快让触电者脱离电源，切断通过人体的电流。但作法要得当，否则还有扩大事态的可能。具体作法如下：

1. 在低压设备（对地电压 250V 以下）上脱离电源的方法：应迅速地拉下电源开关、闸刀或拔下电源插头。当电源开关较远不能立即断开时，救护人员可以使用干的衣物（衣服、手套、绳子、木板、木棒或其他不导电物体）做工具，拨开电线或拉动触电人，使触电者与电源分开，但不能用金属或潮湿的物件做工具。

解救时最好是一只手进行，以免双手形成回路。如果触电者因抽筋而紧握导电体，无法松开时，可以用干燥的木柄斧头、木把鎯头或胶柄钢丝钳等绝缘工具砍电线，切断电源。

2. 在高压设备上触电，应当立工即通知有关部门拉闸断电，并作好各种抢救的准备。如此法不可行时。可采取抛掷裸体金属软线的方法使线路短路接地，迫使保护装置跳闸动作，自动切断电源。注意抛掷金属线前，应将软线的一端可靠地接地，然后抛掷另一端。

3. 如果触电者在塔机上所处位置较高，必须预防断电后触电人从塔机高处摔下来的危险，并采取防止摔伤的安全措施。即使在低处，也要防止断电后，触电人摔倒碰在坚硬的钢架或结构物上的可能性。

4. 如果触电事件发生在夜晚，断电后会影响照明，应当同时准备其它照明设备，以便进行紧急救护工作。

三、触电紧急救护方法

触电人脱离电源后，应争分夺秒紧急救护，可采取以下各种救护方法：

1. 如果触电人尚未失去知觉，仅因触电时间长，或曾一度昏迷，应必须让其保持安静，并请医生前来诊治或护送去医院。但应严格监视触电者的症状变化，以便作急救处理。

2. 如果触电者已经失去知觉，但呼吸尚存，应使其舒适、安静地平卧，解开衣服，使其呼吸通畅。给他闻阿母尼亚水。同时，可用毛巾沾酒精或少量水摩擦全身，使之发热。如天冷，应特别注意保温，尽快请医生诊治。

3. 如果触电者已停止呼吸，但心脏仍在跳动，应立即实施人工呼吸进行急救。即使心跳和呼吸都停止，也不能认为已经死亡，仍要进行各种人工办法抢救，并尽快送医院紧急救治。因为触电人"假死"可以延长较长时间，实现急救法几小时活过来的可能性也是存在的。

四、电气火灾的扑灭

在工地上，由于过流、短路等种种原因，发生电气火灾的可能性是存在的。特别是夜间工地，不易发现事故苗头，而工地上建材又多，容易引起火灾。当发生电气火灾时，要迅速切断电源，然后组织灭火。电气灭火不能用水和泡沫灭火器灭火，因为水和溶解的化学药品有利于导电。只能用二氧化碳（CO_2）、四氯化碳（CCl_4）和干粉（即 CFCLBV）灭火，还可以用干黄砂灭火。

操作以上各种灭火器，应站在风的上向，也即面向顺风方向。最好能穿戴绝缘劳护用品，并要采取防毒和防窒息的措施。在可能条件下，注意尽量保护好电器设备不受损坏。切断电源时要防止人身触电。

第五节　工地现场人员的安全自保意识

预防塔机事故发生，不仅是操作人员和指挥人员的事，也是建筑工地工作人员应有的安全自保意识，工地负责人应该经常对所有现场工作人员宣传安全保护知识，让全体人员知道：

1. 现场工作人员都应当带安全帽，防止空中物品下落的伤害。

2. 非塔机操作人员或维护人员不得去拔动任何电气开关，不得随意拆除工地上的电线，因为你不知道这根电线是干什么用的。

3. 塔机工作时，地面人员不要站在起重臂下，要尽量站在侧面，以防不测事件发生。

4. 上塔辅助工作人员，不得随意向下面掷东西，包括小螺钉、螺帽，这些小东西都可伤人。

5. 工作人员不得攀着吊钩上下，也不许站在吊物篮内上下，所有这些作法都潜伏着坠落的危险，都是严重违章行为。

6. 所有人员，不得沿着塔身外沿上下，有必要上下，应走爬梯。

7. 当塔机的吊重还没有到位和停止摆动时，不可以用手去抓所吊物件，尤其是不要站在摆动方向，防止被所吊物件撞伤。当吊索倾斜起吊时，一旦离地，也会摆动，所以也必须站在侧面，不得站在倾斜方向，以免被撞，当然最好不要斜拉起吊。

8. 当发生被吊物品突然坠落或臂架往下落时，不要顺着臂长方向跑，而应当向侧面方向跑。因为一切倒塔事故都由不平衡力矩引起，总是发生在臂架所在平面内，而不在侧面方向。

9. 在塔机运行中，任何人不得沿塔机随意上下，有必要上下时，应先与司机打招呼，停止操作时再上下。

10. 非塔机指挥人员，不得随意指挥起重机司机工作。尤其不可以要求司机去吊重量不明或被压在别的物件下面的物体。以免发生意外情况时因指挥不当造成事故。

第七章　塔式起重机事故实例汇总分析及经验教训

塔式起重机是工作空间最大的起重机。起吊高度高、工作幅度大、行走范围也很大，因而在实际使用中容易出现各种事故，造成人员生命和财产的重大损失。每年我国总要发生几十起重大的塔机事故，给生命和财产造成重大损失。本章汇集我国多年来所发生的种种事故实例，通过分析，找出经验教训，对防止事故安全生产具有相当大的实际意义。

第一节　倒塔事故及原因分析

一、基础不稳固或遇意外风暴袭击引发倒塔事故

因基础不符合要求而发生倒塔的种种现象有：

1. 地基设在沉陷不均的地方，或者地沟没有夯实就浇混凝土。用久了以后，发生局部下沉，而又没有采取补救措施。拼装式基础更要注意怎么样与地面紧密结合的问题。因为不是现浇的，一定要注意防止水泥块下与地沟之间留有空穴。（见图 7-1）

2. 地基太靠近边坡，尤其是在有地下室的建筑物，基础离开挖坑边太近，在受载或大的暴风雨后，容易滑坡倒塔。凡是离边坡很近的塔机，在浇灌基础前一定要打桩或加固。

3. 虽然基础打下了桩，但桩下又挖得太空，实际有些桩没多少承载能力，局部塌陷而倒塔。这种事已发生过，必须要靠工地有关负责人员掌握。

4. 混凝土基础浇灌不合要求，配比不对，达不到抗拉强度，提早破裂。地脚螺栓松脱，发挥不了作用。

5. 基础浇灌后，没注意对混凝土的养护，没及时浇水降温，造成基础内部被烧坏，达不到强度要求。

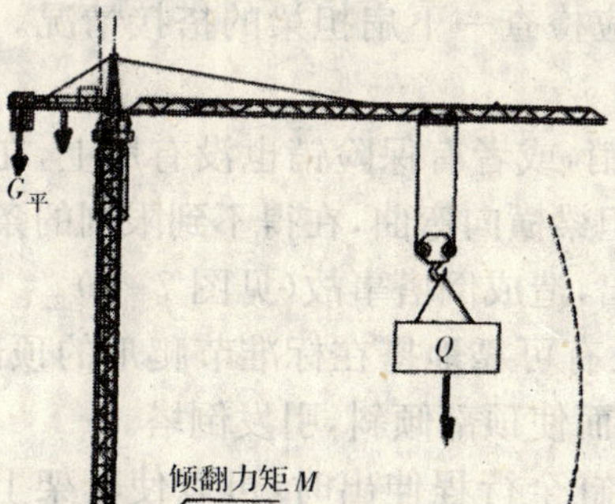

图 7-1　地基局部下塌引起倾倒

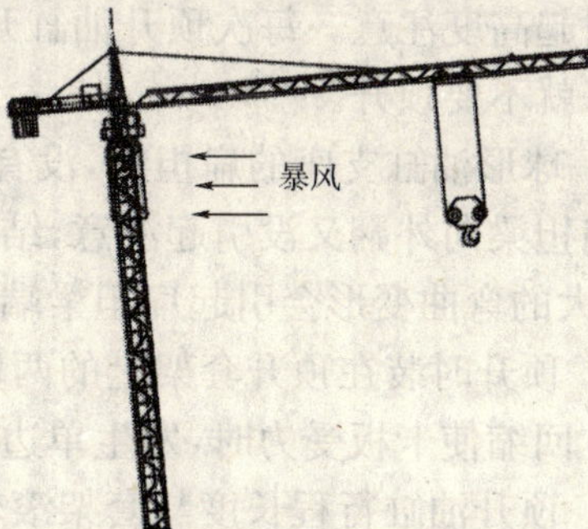

图 7-2　暴风雨袭击下倒塔

6. 基础浇灌后，时间太短就使用，混凝土达不到强度要求，满足不了负载的要求。

7. 地脚螺栓钩内没穿插横杆，螺栓拉力传不出去，引起钩头局部混凝土破坏。

8. 有的塔机用埋入半个钢架作基础，重复使用时不是用螺栓连接，而是将地上地下部分用汽焊切割又对焊，容易发生焊缝开裂，或产生脆性疲劳断裂而倒塔。

9. 行走式塔机压重平衡稳定储备量不足，在超载情况下易于发生倾翻倒塔。

10. 行走式塔机，下班后忘记锁夹轨器，晚上突遭风暴袭击而倒塔。（见图 7-2）

11. 行走式塔机，轨道铺设不可靠，或地面承载能力不够，引起局部下沉，导致倾斜过分而引发倒塔。

二、安装、顶升、附着、拆卸引发的倒塔事故

1. 违背安装顺序、没掌握好平衡规律。最突出的是要先装平衡臂，再装 1～2 块平衡重，使之有适当后倾力矩，然后才能装吊重臂。装了吊重臂后塔机向前倾，最后再装平衡重，使塔机在空载状态有后倾力矩。有的人一装平衡重就一直装下去，没掌握适当后倾力矩，就会引发后倾倒塔。反之在拆塔时，一定要先拆平衡重，最多留 1～2 块，然后才能拆吊臂，最后再拆留下的平衡重和平衡臂。但是有的人在拆卸吊重臂前，不先拆平衡重，后倾力矩太大，结果一拆了吊重臂就倒塔。这些经验教训非常重要。（见图 7-3）

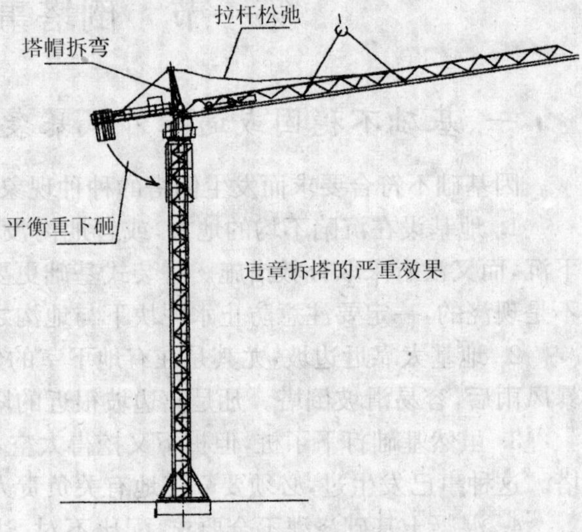

图 7-3　未拆平衡重先拆吊臂后倾倒塔

2. 顶升时扁担梁（也叫顶升横梁）没搭好，有一头只搭上一点点，或者只搭在爬爪的槽边上，当顶升到一定高度后发生单边脱落，造成整个上部倾斜，很难挽回，有的就导致倒塔。这种事故发生较多，很值得引起高度注意。每次顶升油缸开动前，工作人员都应检查一下扁担梁的搭接情况。搭接不好就不要顶升。

3. 球形油缸支座的扁担梁，没有防横向倾斜的保险销，或者有保险销也没有用上，在顶升时扁担梁向外翻又没引起注意，结果横向分力导致扁担梁横向弯曲，在得不到限制的条件下，过大的弯曲变形会引起扁担梁端部从爬爪的槽内脱出，造成倒塔事故（见图 7-4）。

4. 顶升时装在顶升套架上的两块自动翻转的卡板没有可靠地搭在标准节爬爪的顶部，当油缸回缩使卡板受力时，发生单边脱落，造成单边受力而使顶部倾斜，引发倒塔。

5. 顶升油缸行程长度与套架滚轮布置不相配，当油缸全行程伸出时，可以使套架上部滚轮超出标准节顶端，从而引起上部倾斜，导致倒塔。所以塔机顶升油缸的规格，一定按设计要求配置，不可轻易变动。

6. 顶升时回转机构没有制动，在偶然的风力作用下臂架发生回转，致使套架引入门的主弦杆单边受力太大而失去稳定，导致上部倾斜而倒塔。

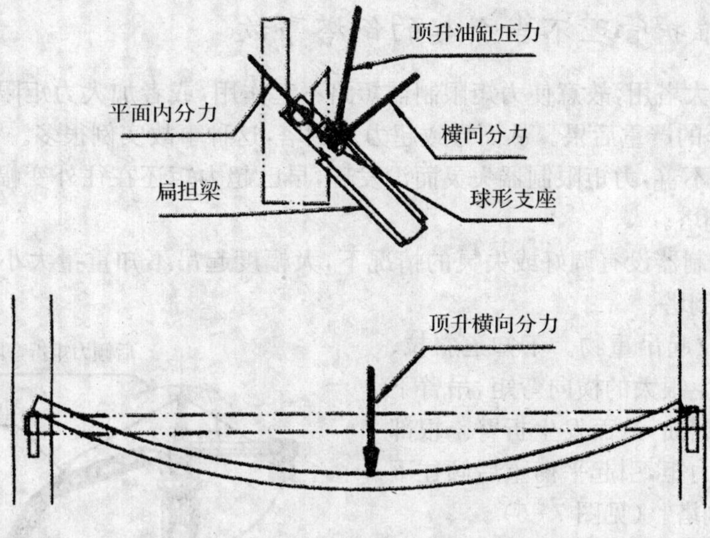

图 7-4　球形支座扁担梁横弯示意图

7. 顶升套架下面的滚轮距离太短，含入量太短，在不平衡力矩作用下，引起滚轮轮压太大，标准节主弦在轮压作用下局部弯曲，导致上部倾斜而倒塔。

8. 顶升时没有注意把小车开到足够远处，或者没有吊一个标准节来调节上部的重心位置，使上部重心偏离油缸轴线太远，导致滚轮的局部轮压太大，使主弦局部弯曲而倾斜。

9. 套架已顶起一定高度后，液压顶升系统突然发生故障，造成上不能上，下不能下。而作业人员缺乏经验，无法及时排除，停留过久，遇到过大的风力，容易引发倒塔。

10. 塔机打附着时，没有设置结实可靠的附着支点，当附着架受力时，把支点毁坏，导致上部变形过大而发生重大事故。

11. 受条件限制，附着距离远远超过说明书上的附着距离，不经咨询计算，随意增加附着杆的长度，结果导致附着杆局部失稳，上部变形过大而发生倒塔。

12. 塔机超高使用，不经咨询计算，随意增加附着高度，在高空恶劣的风力条件下，因附加风力太大，而发生附着失效，引发倒塔事故。

13. 在拆塔和降塔时粗心大意，没有注意调节平衡就拆除回转下支座与标准节的连接螺栓，结果同样会引发顶升时局部轮压过大问题。

14. 在已拆除回转下支座与标准节之间的连接螺栓情况下，进行起吊，结果导致不平衡力矩失控而发生顶部倾斜。

15. 前面所述顶升时容易倒塔的各种因素，在拆塔时同样存在。因为拆塔时，为了把标准节从套架内拉出来，先要顶升一小段距离，所以操作中的粗心大意，同样存在事故危险。

16. 降塔时由于受建筑物的条件限制，容易碰到别的障碍物。在缺乏考虑的条件下，轻易开动回转来避开障碍物，从而很容易造成套架引入门的单根主弦受力过大而失稳倒塔。

17. 在安装中，销轴没有可靠的防窜位措施。有的用铁丝、钢筋代替开口销，日久因锈蚀而发生脱落。销轴失去定位而窜动脱落。会导致重大的倒塔事故。所以加强检查很有必要。

18. 多次安装和拆卸中丢失高强螺栓，不按原规格购买补充，而是随意就近购买普通螺栓代用，结果因强度不够而发生断裂，导至倒塔。这种事故也较多。

三、使用维护管理不当引起的倒塔事故

1. 把小塔当大塔用，故意使力矩限制器短路不起作用，或者加大力矩限制值，抱侥倖心理，不知道如此作的严重后果。从而导致超力矩倒塔，这种事故实例很多。

2. 日常保养不善，力矩限制器失灵而没发现，早已超力矩还在往外变幅，造成折臂而失去平衡，再引发倒塔。

3. 在力矩限制器没有调好或失灵的情况下，大幅度起吊不知重量大小的重物，造成严重超力矩而折臂倒塔。

4. 斜拉、侧拉起吊重物。不知道斜拉、侧拉会使吊臂产生很大的横向弯矩，吊臂下弦杆很容易局部屈曲，从而发生折臂。根部折臂会失去前倾力矩，引起平衡重后倾往下砸，打坏塔身而倒塔。（见图 7-5）

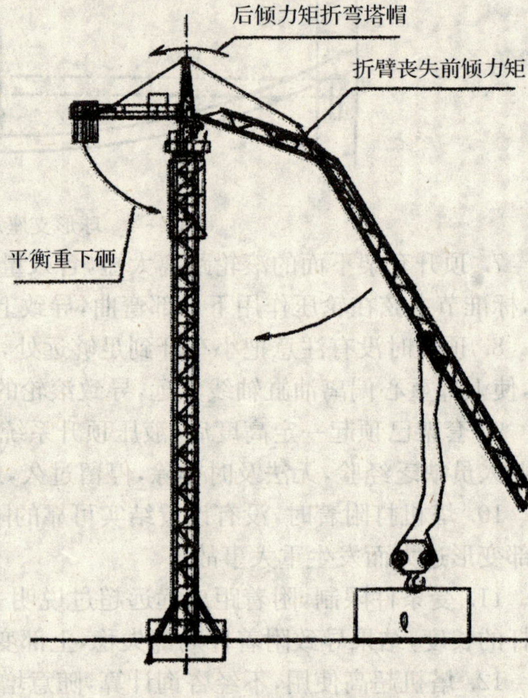

图 7-5　根部折臂引发后倾倒塔

5. 用塔吊去拔起压在别的东西下的物件，没有负载大小的概念，起升机构的惯性冲击引发严重超力矩，折断吊臂而倒塔。

6. 在有障碍物的场合下操作回转，快接近障碍物才停车，因惯性太大停不下来，横向冲击砸坏吊臂，失去平衡引发倒塔。

7. 在塔机安装吊臂各节连接过程中，因销轴敲击过重而冲坏卡板的焊缝，而检查维护管理中又没发现，使用中销轴慢慢内滑而脱出，造成吊臂突然折断而引起倒塔。有的销轴卡板用螺钉固定，使用中螺钉松脱而没有发现，或者忘了装开口销，同样引发上面的严重后果。

8. 塔机年久失修，臂架下弦导轨磨损锈蚀严重，检查保养又不注意，造成薄弱处折臂而倒塔。故塔机应当有报废年限的限制。

9. 塔机零部件储存运输中不注意，杆件局部砸弯，已失去应有的承载能力，检查维护时又没有引起注意，从而引发事故。

四、制作质量问题或设计缺点

1. 塔顶或回转塔身焊缝过小，在反复起吊作业下，应力过大，提前产生疲劳破坏，使顶部突然发生断裂而掉下来，或者单根主弦杆连接焊缝撕裂，而使吊重臂先下坠，接着平衡臂下坠，砸坏塔身而倒塔。

2. 静不定双吊点拉杆制作精度不好，造成受力不均，一紧一松，在起吊中单根拉杆受力过大而破断，导致折臂倒塔。

3. 为减小回转支承规格，未经计算随意改动回转上支座。因刚度不够，导致产生附加的交变应力，使回转塔身主弦杆产生疲劳破坏，腹杆产生剪切变形，引发严重的事故危险。

4. 连接螺栓热处理不过关，过硬过脆，达不到应有的塑性变形余量指标。在交变应力下，提早产生疲劳脆断，引起塔身折断倒塔。

5. 塔身截面尺寸偏小，连接套的焊缝应力偏大，又有应力集中，用久了易产生疲劳开裂，引发倒塔。

6. 臂架截面高度偏小，刚度不够，起吊时挠度过大，容易造成往外溜车，又未设置防断绳溜车保护装置，结果在小车牵引绳断裂时失控，小车外溜，加大起重力矩而导致倒塔。

7. 为降低成本，买劣质钢材，尺寸没保证，强度指标和塑性指标都没有保证。结果造成主弦杆脆断，臂架折断或塔身折断而导致倒塔。

8. 刚性平衡臂式塔机，平衡臂刚度不够，或者桁架式平衡臂的主弦杆局部稳定储备不足，没有考虑到在安装过程中，平衡臂在无拉杆时承受平衡重块的能力，导致在安装中预加平衡重块时，平衡臂根部折弯，平衡重下砸而倒塔。也有塔机在使用中，平衡臂的上弦杆局部失稳，导致平衡臂尾部上翘，吊重臂下坠而倒塔的实例。

9. 在吊臂拉杆设计时，只作了宏观应力分析，没考虑到拉杆耳板和圆钢焊接处开槽角点的应力集中，耳板边宽留得不够宽，结果该角点容易产生疲劳断裂，导致拉杆断裂而倒塔。

10. 使用说明书不够细致，有些过程没说清楚。尤其是拆塔过程过于简单。易引起拆塔步骤的失误。

第二节　重物下坠事故及原因分析

重物突然下坠，虽然不及倒塔事故严重，但照样威胁人们的生命和财产，同样要引起高度重视。

一、使用维护管理不善方面的原因

1. 不重视起重量限制器的维护保养，不调节好起重量限制器就使用，有的甚至故意不用，或加大限制值，使起不到应有的限制保护作用。他们以为重量过大反正吊不起来，不限制也没什么了不起。但是，塔式起重机的起升机构，往往是多速运行，重载低速，轻载高速，在低速下吊起来的物件，吊到一定的高度后，如切入到高速，就有可能吊不起来，而产生向下溜车。当装有起重量限制器时，这时它就会自动切换回低速，而没有起重量限制器就没有这个功能。溜车时司机若处理得当，打回低速，还不致造成事故，但不熟练的操作者，凭感性意气用事，反而往高速打，就会造成重物快速下坠事故。

2. 起升机构制动器没调好，太松。在超重情况高速下放时，因惯性作用而制不住，产生溜车下坠。尤其是盘式制动起升机构，更容易发生这种事故。电磁铁抱闸制动器也容易损坏，造成突然溜车下坠。所以塔机的起升机构，要经常检查调整制动器。

3. 自动换倍率机构，由 2 倍率换 4 倍率时切换不到位，也没注意检查，或者没有加保险销，在起吊中，活动滑轮会突然下落，引发重大事故。所以自动换倍率装置虽然好，但最好能加保险销。

4. 钢丝绳打扭乱绳严重，没及时排除，强行使用。或钢丝绳沾上砂粒，又没有抹润滑油，磨损严重。有断股现象，又没有及时更换引起断绳下坠。

5. 因吊钩落地，钢丝绳松动反弹，钢丝绳跳出卷筒外或滑轮之外，严重挤伤或断股，又没有及时更换，在满载或超载起吊时，引发断绳下坠。小而长的起升卷筒最易发生这类事故。

6. 钢丝绳末端绳扣螺母没有锁紧，使绳头从中滑出。

二、设计或制作质量方面的问题

1. 起升机构卷筒直径太小，又长又细，一方面使起升绳偏摆角太大，容易乱绳。另一方面钢丝绳缠绕直径小，弯曲度太大，弯曲应力反复交变，容易产生脆性疲劳。过大的弯曲也容易反弹乱绳，增加钢丝绳的磨损。

2. 起升卷筒和滑轮，没有设置防止钢丝绳跳出的挡绳板，或者挡绳板与轮缘距离太大，不能有效阻止钢丝绳跳出。

3. 自动换倍率装置没有设置防脱扣的保险销。因为这需要人上去检查和插拔，增加了麻烦，有些人不愿意设置。

4. 起升钢丝绳运动中某些地方和钢结构有轻微摩擦干涉现象，没有及时发现和排除，导致钢丝绳磨损过快。

5. 有些起升机构采用电磁铁换档调速，而电磁换档离合器质量不过关，容易磨损打滑。实际使用中很难判明白在什么情况下会打滑，不好预防。所以会发生突然下坠事故。一般地说，凡用电磁换档的起升机构，不容许满负荷空中换档。

6. 有些起升机构，仍然在使用带橡胶圈的销轴式联轴器，在反复交变负载下，连接销很容易破坏，发生吊重下坠。

第三节　烧坏起升电机故障原因分析

塔机使用中，烧坏起升机构电机的事发生较多。虽然它不算什么大事故，然而造成停机停产。尤其上回转塔机，在高空更换维修又非常困难。故带来损失也不小，可以称得上重大故障。综合分析一下故障原因。主要有以下几种情况：

1. 低速挡使用太多，使用时间过长

不管是什么电机，使用低速档风扇转速低，风力太小，散热条件差，这是温升容易上去的直接原因。要使通风改善，只有增加强制通风。然而设置强制通风会增加设备成本，并不是所有起升机构都愿意加的，绝大多数电机都不会加设强制通风。这就要求操作人员必须注意低速挡不可使用太多。大约每10分钟内使用时间累计不要超过1.5分钟，每次连续工作时间不宜超过40秒。低速档是慢就位用的，不是运行速度，这个时间是足够用的。问题是要理解为什么不能使用过多，自觉避免使用过多。特别是带涡流制动器的绕线式电机，低速时工作在大电流下，更容易发热。鼠笼式电机，起动时也是电流很大，起动次数太多对电机电器元件都不利，一定要避免快速连续点动操作。

2. 没有调整好起重量限制器，或者没有设置电机在不同极数下的起重量限制器，或者有起重量限制器故意不用，以小代大，造成电机经常连续严重超载。这种情况经常发生在小塔机上，因为中小塔机为了压低成本，以小代大，功率不富裕的情况较多。而实际施工中的吊重量往往会超过它的容许额定重量。一些施工单位没有负荷率概念，认为只要能吊起来就行。而设计时，功率选择的大小是与负荷率有关的，负荷率越大，发热越严重。塔机起升机构的负荷率是40%，不是100%，并不容许满负荷连续工作。对小吊车来说，能吊起来往往已是接近满负荷或超满负荷，连续使用当然就容易烧坏电机。

3. 连续使用高速提升载荷。塔机高速挡主要是用来落钩的，或者也可以吊很轻的负载。但有的操作人员，当塔机吊索发生摆动时，不是去学会稳钩技术，而是用高速提升法去缩短吊索，以此来稳钩，这并不是好方法，容易造成电机发热。比如一个 8t 起升机构额定功率为 30kW，高速 120m/min，理论吊重 1.3t，吊钩重量 140kg，综合传动效率 0.8，那么这时电机实际功率会达到 35kW。早已超过额定的电机功率。而 1.3t 是 80 塔机的最常用的吊重量。你常常用高速去提升，当然容易导致电机发热。

4. 电气线路设计上有缺点。在使用带涡流制动的绕线电机作起升机构驱动时，当切除电阻时，如果没有切断涡流制动器或降低其励磁电流，就会使绕组在大电流下工作过长。因为切除电阻，会加快电机转速，而转速加快后。若励磁电流不变，涡流制动力矩就会加大，相当于给电机增加了额外负载，只会加大电流。这是很不合理的。最好只有最低挡使用涡流制动，第二档将它切除。如果一定要用，就要降低励磁电流，这样涡流制动力矩减小，电机就不至于电流太大。即使如此，一、二档也都不可使用过久。

第四节　塔式起重机其他事故实例及经验教训

前面已经列举了塔式起重机所发生的一些重大事故或故障实例。但除这些以外，在塔机安装使用中，还发生有一些其他事故或苗头，同样值得引起注意，吸取教训。它们是：

1. 小车单边走轮脱轨，从吊臂上掉下来，或半边挂在空中

发生这种事故有两个方面的原因：

①小车单边负荷过大，另一边被抬起，使轮缘脱离轨道单边滑动。造成这种单边负荷过大，多是不正常的使用，如侧向斜拉，或者违章，小车吊篮超载严重。

②小车没有设置防下坠卡板，或者卡板制作不标准，侧面间隙过大，没有起到限位作用。

2. 吊重撞人

吊重撞人主要是指挥人员或操作人员对吊重和臂架惯性估计不足引起，没有及时停车，或者现场人员对吊重的摆动力量缺乏认识，直接用手去推或拉重物，想让重物停下来。这种现象在场地受限制，缺乏退路的情况下更容易发生。斜拉起吊，当重物离地时容易摆动撞人，切不可站在正面。这些知识主要靠施工单位加强安全教育来避免。

3. 人员从高空掉下来

一般情况下塔机作了很多安全考虑，只要引起注意人员不太容易掉下来。发生这种现象，多是有关人员太不注意安全保护。比如不带安全带到危险地方去；不穿工作鞋上高空；还有的人有爬梯不爬，非得从标准节外上下；有的人攀吊钩或站在吊重篮内上下。所有这样作的人，不一定就会发生事故，但这是严重的事故隐患，出了事就无法挽回。尤其是操作人员，非正常工作情况，就不要开车。当然也有极少数塔机上、下回转支座通道设计缺少脚蹬，使人员上下有困难。这多是缺乏实践经验体会引起的，很容易改进。最根本的问题是要树立安全自保意识。有了安全意识，自然就不会去做这些违章的事了。

4. 小件物品坠落伤人

塔机在安装过程中，上面有小件物品是不可免的，比如工具、螺钉、螺帽、销轴、开口销之类。一般要求安装人员把这些东西装在工具袋内，但很难避免安装中把小东西拿出来，搁在某个地方。安装完后，理应清理好这些小东西，但实际工作中又常常发生丢下一些小件物品没有清理干净。在塔机现场很难做到每个人都戴有安全帽。所以在塔机安装和使用中，往往就会有小件物品掉下伤人的事。尽管安全使用知识中有规定，不准乱放和乱丢小件物品，然而很难保证大家都那么重视和认真执行。而且有些小件物品下掉并不是人为的，这种事也只有靠加强安全教育和检查来避免。

第五节　关于提高塔式起重机安全管理的建议

从 20 世纪 60 年代我国生产出第一台塔机起，我国塔式起重机研究、开发、生产、销售和使用已经历 40 多年的历史。40 多年来，随着我国经济建设的快速发展，塔式起重机的产量和拥有量增长很快。据不完全统计，我国塔机生产企业已达到 300 多家，每年产量 9000 多台，高峰期达近万台，已经成为世界上塔机产量最多的国家。现在，全国大中小城市建设中，使用塔式起重机的越来越多，发展形势很好。但是，由于我国区域辽阔，人口众多。各地区的经济、科技、文化发展水平很不平衡，差别很大。对塔式起重机的需求、使用、管理差别也非常大。生产、安装、操作使用的水平差别也很大。塔机的大量增加，不可免的带来了各种安全隐患。每年都要出几十起重大安全事故，造成机毁人亡，损失惨重。这是负面影响。实际上发达国家塔机的发展历史，也是一样，同样付出了不少血的教训。问题在于大家怎么从这许许多多事故中分析原因，有效地吸取教训、落到实处、减少事故。在这里，笔者想就实际工作中的体会，提出一些建议，供有关部门和人员参考。

1. 加强教育培训、普及科技知识是减少事故的得力手段

塔式起重机是安全要求很高的机种，无论是操作人员、指挥人员或工地上的工作人员，都应当要求有一定的安全知识和科技知识，缺乏知识，是造成事故最重要的原因。可是至今为止，我们的生产企业、我们的用户对有关人员的教育培训作得并不很实在。上级管理部门，出了事故以后，主要是忙于追查原因、追究责任、提出处理办法。而平时真正强调和组织教育培训又作的很少。各省、市、自治区的有关管理部门也很少组织培训班，也缺少适用的培训教材。如果不作实际的组织培训工作，单靠登记、发证，水平很难提高，实效的确不大。比如有的用户买了产品后，使用说明书等资料都放在机动科存档。操作人员连说明书都没有见到，这就很难了解他们所用的塔机的性能特点。也就很难保证操作不会失误。所以建议管理部门把工作重心转到加强教育培训上来。即使自己做不了很多具体工作，也要组织或授权有关人员去做。如果各地真正把教育培训工作落到实处，让有关人员多懂一些专业知识，那很多安全事故就可以避免。就会大大减少人们生命财产的损失。

2. 缺乏状态显示系统是我国塔机安全的最大隐患

塔机最大的事故是倒塔，而倒塔的最直接原因是失去力矩平衡。国外塔机比中国塔机要好，其重要的一点是驾驶室有状态显示装置。大家都知道汽车要有行驶速度表，而塔机却没有力矩显示，操作人员根本就不知道自己所处状态危险与否。至今为止，国产塔机一直只有力矩限制器、起重量限制器。这些东西只能起限制作用。超负载使用时，它会起限制作用。但它平时工作正常与否，操作人员並不知道。一旦限制器不正常，超负载了，操作人员还不知道，这就存在很大的事故隐患。而能随时显示的监控装置却不同，因为它能随时告知操作人员所处的状态，它一出毛病，操作人员就可以立即停止操作，先检修后再操作，这就可以消除事故隐患。抓好这样的事，才是真正抓住了要害。然而我们的管理部门、检查人员却没有把缺乏显示器系统放在议事日程上。希望引起严重的关注。

3. 更新观念改进管理，为技术创新创造良好的环境条件

塔式起重机是安全要求很高的产品，是执行许可证的。许可证主要是监督粗制滥造，危害工地安全的人和事。但许可证不宜仅仅用现有的东西去限制企业，把企业当作约束管理对象。而应当更新观念，立足发展进步，支持企业技术创新。现在，我国塔机行业的技术虽然有了一定程度的提高，但重大的创新仍很缺乏，很多早已存在的问题，长期得不到解决。比如缺乏状态显示系统，起升机构基本上是老式小而长的卷筒，乱绳和打扭现象严重，钢丝绳损耗大，没有防碰撞装置等等。与国外塔机存在很大的差距。然而我们的各级管理部门很少有这些概念。他们只想到怎么去堵问题，很少想到怎么去引导技术进步。多年来的作法，几乎很少改变，条条框框到是越来越多，鼓励解决实质性重大技术问题的措施可不多。有些地方管理部门，在没有标准依据的情况下，可以随便发文禁止某个产品，而有些禁令在科技上是说不通的。有的人想搞个什么新东西，审批手续特别多，管理费用很高，使人望而却步，所以科技进步、科技创新很难。这种状况，如果不从观念上更新，不改变管理，不给科技创新创造良好的环境条件，我们与国外差距就会越来越远，我们也就很难从根本上提高安全保障。实事求是，与时俱进，是我们对待新事物一直应持有的态度。

4. 打破上回转塔机一统天下的局面，推荐在十层左右建筑工地多使用下回转固定式塔机

目前，我国的塔机，几乎是上回转塔机一统天下。但国外并非如此，下回转塔机占的比重很大，而且多种多样。上回转塔机，最突出的优点是能自升，可以架得很高，因而可以适应各种高低不同的建筑物，所以目前在我国到处是青一色的上回转塔机。但这并不是最合理的设备配置。上回转塔机主要传动机构和平衡重都在上面，重心高，倾翻稳定性低，塔身受弯，工作摆动大，顶升时事故隐患多，倒塔的危险性大，所以从安全角度考虑，上回转塔机不是很理想的塔机。但要解决超高问题，只能用上回转塔机。反过来，下回转塔机，尤其是固定式下回转塔机，主要传动机构和平衡重都在下面，维护管理方便，重心低，稳定性好，塔身不受弯，工作平稳，不需顶升，倒塔危险比上回转塔机小得多，安全性高得多。但它的缺点是不能随时升高，只能适应多层和十几层以下的低中层建筑。事实上，上回转和下回转塔机，各有各的优缺点，应当互补。国人应当知道，在量大、面广的中层和多层建筑中，用下回转固定式塔机比用上回转固定式塔机要安全得多，而且由于它不需顶升装置，塔身受压，结构可以轻，成本也低得多。如果我们能打破老观念，在中低层建筑中多使用一些固定式下回转塔机，从安全角度和节约设备成本角度，都可以收到很好的社会经济效益。

5. 提倡科技竞争、品质竞争、引导行业从单纯的价格竞争中摆脱出来

近几年发生的塔机事故中，有相当多的一部分是那些粗制滥造的低档塔机。其原因是价格竞争引导一些企业不顾品牌、不顾效果，故意使用低级材料和低档次机构。有些人几乎连很明显的缺陷都看不出来。比如有一个广告上竟刊登了一个拉杆松弛的双拉杆塔机，难道这个企业就不明白这是不合格产品的广告？像这样低水平的竞争发展下去，自然会严重威胁塔机的安全保障。建议行业和管理部门，要采取切实措施，引导行业、引导用户从这种低级的产品推销手段中摆脱出来。

6. 建议尽快制订塔式起重机使用年限报废标准

塔式起重机既然是安全要求很高的产品,那么就不能让那些破旧不堪的产品设备长期使用下去。尤其是塔机的小车臂架,既是结构承力构件,又是小车行走的轨道,使用中会不断的磨损,下弦杆面积和抗弯截面模量会不断减小,承载能力必然下降,长期使用必然潜伏危险。因此,限制使用年限很有必要。如果一直等到用坏,就说不准会出什么事故,这样损失太大,不如定期报废。汽车都规定了定期报废年限,塔式起重机就更有必要限制使用年限。

当然,要确定使用报废年限也並非容易,因为各台塔机使用条件和使用经历都不相同。到底取多少年限合适呢?就很难定。但是不能就因此不定。这就只能参考国外一些作法和我国的相近产品的作法来考虑确定。在塔机的结构设计时,一般只做静态结构计算,动态影响用动态载荷系数体现,但这並不能体现抗疲劳能力。可以说这种简单的系数放大法,绝对不允许无限次循环,只允许有限次循环。到底是多少次,很难说准确。过去在编制 GB3811 标准时讨论过,大约允许 10～25 万次,这至少也是个参考值。按欧洲塔机寿命计算,一台塔机,每天工作 8 小时,寿命大约 23.6 年,但如果每天工作 16 小时,寿命只有 10 年。这是指极限工作时间。像我国,制作工艺比不上欧洲,而使用条件比欧洲要严重,很难达到这样高的使用年限。还要留出一定的安全储备。人货两用的施工升降机,工作循环次数基本取 16 万次,这相当于(10 年×40 周/年×40 小时/周×10 次/小时)的工作次数。但塔机受力状况比升降机严酷,取不了这么高的循环次数。有的资料里建议取 12.5 万次。如果把每小时工作次数取为 6 次/小时,而 40 小时/周、40 周/年仍然不变,那就相当于可工作 13 年;如果取 8 次/小时,那就相当于 10 年的工作年限。从上面的分析可以看出:塔机容许的工作年限並不太长,而我们国内施工,为了赶进度,加班加点是常有的事,如果对使用年限不加限制,将来出安全事故的机会就会更多。

若执行了塔机使用年限报废制度,也可能遇到这种情况:有的施工单位买了塔机以后,没接到多少工程,停放时间较长,到报废年限了损害並不严重。怎么办?建议可以申请检测评估。让有资质的单位去查看,评估一个大体的可使用年限。从安全角度来看,检查中最重要的是结构件的磨损。参照施工升降机的有关规定:若结构件腐蚀磨损深度达到厚度的 15%时,应予以报废。按此也不难估计出它的继续使用年限是多少。

中国是一个发展中的大国,正处于快速发展时期。建筑业是一个很大的支柱产业,大规模的经济建设,推动了建筑业的发展。建筑业的发展、房地产业的开发和大的基础工程的投资建设,给塔式起重机带来了很好的市场环境。塔式起重机行业,已给国家建设做出了很大的贡献,但是由于种种因素,使塔机在作业中出现一些事故,这也是难以避免的。只要我们深入调查研究,认真分析原因,总结经验教训,结合国情联系实际去进行科技攻关,同时加强专业科技知识的教育培训,就完全有可能把事故率降下来。这正是摆在有关科技人员和管理人员面前的重大责任,也是出版此书的目的。

主要参考文献

1.《工程机械》哈尔滨建筑工程学院主编，中国建筑工业出版社，1981

2.《起重机械》大连工学院　杨长骙、傅东明编著，机械工业出版社，1993

3.《国外塔式起重机》　刘佩衡编，机械工业出版社，1983

4.《塔式起重机的应用和计算》　吴启鹤主编，四川科学技术出版社，1995

5.《工程起重机》　哈尔滨建筑工程学院主编，中国建筑工业出版社，1979

6.《塔式起重机培训教材》　湖南省常德市建筑机械厂编 1983

7.《塔式起重机使用与维护》　黄时伟编 中联重科培训中心 2001